两轮机器人的运动控制与应用研究

王佐勋 王桂娟 颜 安 著

U0241963

中国纺织出版社有限公司 | 国家一级出版社
全国百佳图书出版单位

内 容 提 要

本书对两轮机器人进行了研究,先分析两轮机器人的受力情况,再分别运用牛顿力学法和拉格朗日法建立了运动学模型和动力学模型;然后对两轮机器人模型做线性化分析和解耦分析,利用控制理论分析判别两轮机器人模型的稳定性、能控性以及能观性,并对两轮机器人的应用进行了举例说明。

图书在版编目(CIP)数据

两轮机器人的运动控制与应用研究 / 王佐勋,王桂娟,颜安著. --北京:中国纺织出版社有限公司,2019.10

ISBN 978 - 7 - 5180 - 6619 - 3

Ⅰ. ①两… Ⅱ. ①王… ②王… ③颜… Ⅲ. ①机器人控制—运动控制—程序控制 Ⅳ. ①TP24

中国版本图书馆 CIP 数据核字(2019)第 191254 号

责任编辑:朱利锋 责任校对:王花妮

中国纺织出版社有限公司出版发行

地址:北京市朝阳区百子湾东里 A407 号楼 邮政编码:100124

销售电话:010—67004422 传真:010—87155801

http://www.c-textilep.com

中国纺织出版社天猫旗舰店

官方微博 http://www.weibo.com/2119887771

北京通天印刷有限责任公司印制 各地新华书店经销

2019 年 10 月第 1 版第 1 次印刷

开本:710×1000 1/16 印张:9

字数:161 千字 定价:80.00 元

前　言

　　机器人自发明以来一直发挥着重要作用，尤其广泛应用于制造业、军事领域以及生产生活等诸多领域，因此，对机器人的研究既具有理论价值，又有商业前景和实际应用价值。两轮机器人作为机器人中的特殊一族，因灵活性和便利性得到了国内外研究学者的广泛关注，这种特殊的机器人极其适合危险物品运输和作为短途代步工具等。但因两轮机器人本身存在的非线性、不稳定性以及强耦合性等特性，使得其控制器的设计变得比较困难。因此，研究两轮机器人系统具有理论和实践双重意义。

　　本书研究的是刚性两轮机器人，即左右轮和车身是独立的，先分析两轮机器人的受力情况，再分别运用牛顿力学法和拉格朗日法建立运动学模型和动力学模型。因两轮机器人的模型存在非线性和强耦合性，因此，为便于分析两轮机器人系统，需对该模型进行线性分析和解耦分析；然后，利用控制理论分析判别两轮机器人模型的稳定性、能控性以及能观性，为控制器的设计提供了理论依据。

　　两轮机器人的姿态信息通过组合陀螺仪和加速度计来采集，为了实现信息采集的精确性以及机器人的控制精度，再利用卡尔曼滤波算法对两个传感器采集的数据进行融合，获取两轮机器人更精确的姿态信息。基于加速度计和陀螺仪的模型，利用 MATLAB/SIMULINK 进行仿真分析，仿真结果验证了卡尔曼滤波器的滤波效果。

　　基于两轮机器人的线性模型，利用极点配置理论和 LQR 最优控制器理论进行分析，并设计了相应的控制器；使用 MATLAB/SIMULINK 对两种控制器的性能对比分析，结果表明，LQR 控制器能更快地使两轮机器人恢复到平衡状态；但因在设计 LQR 控制器时加权矩阵 Q 和 R 值是根据人为经验选取的，偏经验化，因此使设计的控制器性能不能达到最佳状态。基于这一缺陷，本书利用粒子群优化算法对加权矩阵进行全局寻优，得出最优的一组加权矩阵，再求解出最优的反馈控制率 K，最后利用 MATLAB/SIMULINK 对优化后的 LQR 控制器的性能进行验证。

在本书的撰写过程中,作者不仅参阅了国内外相关文献资料,而且得到了同事亲朋的鼎力相助,在此一并表示衷心的感谢。

由于作者水平有限,书中疏漏之处在所难免,恳请同行专家以及广大读者批评指正。

作　者

2019 年 3 月

目　录

第1章 绪 论

1.1 研究背景及意义

"机器人"这一概念的开端还要从 20 世纪 60 年代中期问世的第一台机器人开始,伴随着科学技术的不断突破和发展,使得机器人快速成为一种高新的、极具潜力的综合性技术,所涉及的相关专业领域有:物理学理论、电力学理论、计算机科学理论、动力学理论以及机器人学理论等多个研究范畴,它是一种集多个学科理论与技术的结合体。从机器人被发明开始到被设立为一个独立学科,其技术一直不断完善、发展和创新,并应用于诸多场合。可以说机器人是人类科学技术进步的最伟大成就之一,最明显的表象就是机器人从在地面上爬行发展到仿人式地直立行走,也仅历经二十余年,而人类足足花费了数百万年才完成直立行走的进化,机器人技术正以空前未有的速度发展。

受第三次工业革命的影响,21 世纪的科技力量迅速崛起,其中,计算机技术、软件技术、微电子理论以及通信技术等与机器人相关理论的发展和突破最为突出,使得机器人的发展呈现突破性态势。近几年来,随着机器人被不断关注以及深入研究,对机器人的应用性以及智能化程度提出更高的要求,比如,当机器人处于比较狭窄的场合时,或者处于有大转角的工作环境,又或者需用于危险场合等,如何在如此复杂的环境中依然能够灵活快捷地完成任务,这已引起了国内外研究学者的进一步关注,也成为他们所研究的一个重要课题。

在这种背景下,两轮机器人的概念就应运而生了,两轮机器人能够完成多轮机器人无法完成的复杂运动以及适应更复杂的环境,尤其是当处于工作环境变化大、任务比较复杂且危险的场合,比如空间探测、易燃易爆物品运输等。两轮机器人的特点是左右轮共轴线且独立驱动,机器人的重心保持在车轮轴的上方,机械结构简单,易于操作,研究学者只需通过控制左右轮运动实现机器人的平衡。对于多轮机器人以及其他功能的智能机器人,两轮机器人的特有优势在于:

（1）零半径转弯。因两轮机器人采用差分式驱动策略，相比于传统的机器人有多个轮子，而两轮机器人只有两个轮子，更易实现旋转，使其在狭窄空间内灵活性更强，非常方便。

（2）无刹车结构。无需附加机械刹车机构，减轻了其整体质量。主要通过控制左右轮电动机的输入转矩大小，实现对两轮机器人的加减速，能完成平稳状态下迅速启动以及运动状态下平稳停止。

（3）应用广泛性。两轮机器人因灵活性和便利性等优点，广泛应用于大型购物广场以及大型展览等多轮交通工具无法通行的场合，可作为短途交通工具，极具市场应用价值。

（4）节能环保性。在能源消耗方面，由于运用先进的电力电子技术作为技术支撑，能回收减速过程中的部分电能进行再利用，而低功耗驱动也为机器人的续航能力提供保证。既能有效减轻尾气污染问题，又能满足人们在日常生活中的短途代步需求。

两轮机器人因特有的两轮机械结构形式，使得该机器人不具备任何稳定性。为了能使两轮机器人实现平稳运行，就需要设计底层控制器使两轮机器人能保持平衡稳定的运动状态。两轮机器人最初是由倒立摆控制系统概念而来，作为倒立摆系统的特殊形式，对其的研究会推动相关理论学说的发展。随着技术层面的突破，理论研究也逐渐转换为现实。所以，研究两轮机器人不仅具有理论研究意义，而且，随着人类对社会智能化的需求越来越高，其潜在的市场价值和商业前景值得挖掘，因此，对两轮机器人的研究已然成为 21 世纪极具挑战性的课题之一，可谓研究意义深远。

1.2 国内外研究发展现状

1.2.1 国外研究发展现状

国外对两轮机器人的研究进展工作起步早，产品种类多，理论研究也相对成熟。作为两轮机器人的研究先驱，倒立摆控制系统在理论研究方面与实际应用价值方面发挥着举足轻重的作用。

1986 年，日本电气通信大学的 Kazuo 教授研究两轮平衡控制技术，便萌生了构造一种能自动站立机器人的想法，这也是最初的两轮机器人的构想。该机器人的特点在于通过惯性传感器采集该机器人的姿态倾斜角信息，传感器被绑在杠杆上，将姿态信息反馈给控制器控制电动机驱动左右轮的转矩大小，最终通过控制左右轮实现机器人的平衡状态。但由于当时计算机以及传感器技术的限制,使得该机器人并没有引起公众的广泛关注,而且,这种机器人的缺点在于只能在固定轨道上运动前行,难以实现转弯等其他运动姿态,这也为后来研究两轮机器人的研究提供了参考。

随后,瑞士的联邦工业大学的 Felix Grasser 等人在 2002 年又成功开发出一种能实现自平衡的两轮小车 Joe,Joe 是基于倒立摆 DSP 控制的,它的问世在当时极具突破性,机械机构如图 1.1 所示,该机器人最大的优点就是能实现零半径转弯以及 U 型回转。Joe 的原理是先解耦,再通过线性控制器控制 Joe 的平衡,Joe 的运动状态是通过对两个共轴的左右轮控制的,而左右轮是独立电动机驱动的,Joe 的运动速度能达到 1.5m/s,比人的行走速度还快。Joe 只是单纯地采用了陀螺仪传感器,因此,在姿态信息采集方面,是通过角速度对时间积分来获取 Joe 机器人的姿态角度信息,这种方案的问题在于陀螺仪长时间积分存在积分漂移问题,使得获取到的姿态倾角严重偏离机器人倾角的真实值,但不可否认的是,Joe 的问世真正揭开了两轮机器人研究的新篇章。

图 1.1　两轮自平衡小车 Joe

同年,美国 Segway 公司的 Dean Kamen 也相继研制出一种能实现自平衡的两轮电动滑车,名为 Segway,该机器人的时速能达到 20km/h。Segway 也是第一次真正能完成载人的两轮机器人。Segway 由 5 个陀螺仪组合来检测其当前的姿态倾角,两个加速度传感器检测其倾角速度,利用检测到的姿态信息对 Segway 的运动平衡进行控制,同时,编码器以及压力传感器实时采集人体脚部压力信号的变化,控制 Segway 机器人的移动。Segway 的操作简单,操作者只需通过人体稍微前后倾斜改变其重心来操作 Segway,使其完成启动、加速、减速、转向以及停止等一般运动形态,它既能实现操作者在站立时保持车身平衡,又能在前进状态下保持车身平衡,验证了 Segway 的极强自平衡能力。

2003 年,由美国科学家 David P. Anderson 独立研发出一种自平衡的两轮机器人,被命名为 nBot,机械结构如图 1.2 所示。该机器人的特点在于:nBot 的控制器运用的是 PID 控制策略;nBot 机器人通过组合加速度计和陀螺仪构成了姿态角度检测部分,实时采集机器人的姿态信息,并运用维纳滤波算法对加速度计和陀螺仪的数据进行融合,再反馈给底层的控制器输出控制指令,最终实现对 nBot 的自平衡以及运动控制。另外,nBot 机器人的一大优点是能够在运动中碰到障碍物后重新自主选择路线绕过障碍物继续运动,这个优点使其能适应多种复杂场合。

随着对两轮机器人的研究不断取得突破,近些年也出现了很多其他功能的衍生产品,例如,美国的 Segway HT 产品和德国的两轮拍摄车的出现,彰显两轮机器人广阔的市场应用价值。

图 1.2　两轮机器人 nBot

1.2.2 国内研究发展现状

对比国外关于两轮机器人的研究,由于技术方面的原因,国内起步较国外晚,对它关注不够,相关的研究成果较少,还需攻克很多技术难关。最早追溯到 2003 年,由中国科学技术大学独立研发出一种自平衡的两轮代步电动车,命名为 Free Mover,是我国真正意义上的第一台能载人的两轮自平衡机器人,具有划时代意义。研发人员基于对倒立摆控制系统原理的研究,特别之处在于,利用自适应模糊的控制策略解决了两轮自平衡机器人的姿态角度变化问题以及两轮机器人的非线性控制问题。该两轮代步车也能实现零半径转弯,而且没有刹车系统。驾驶者只需变换自身的重心就可实现加减速,转向由操作杆控制,安全性高,驾驶操作灵活,成为人们生活中越来越普及的新型交通工具。

2005 年,哈尔滨工程大学也成功研究推出一种两轮机器人,命名为 HITBot,机械结构如图 1.3 所示。该机器人也是采用组合加速度计和陀螺仪传感器构成姿态信息模块对机器人的姿态状态进行采集,再通过编码器检测左右轮的速度和路程,通过码盘、陀螺仪以及声呐设备联合实现对 HITBot 的运动控制目标。

图 1.3 HITBot 机械结构

2005 年,北京邮电大学的教授成功研发出了一款能载人的两轮移动式机器人。该机器人的特点是有两个可调节控制杆,操作者通过调节控制杆改变左右轮运动的差值,最终达到能完成对该机器人的转向控制。具体原理是:当控制杆位于最左端时,车身完成左转;反之,当控制杆位于最右端时,车身右转;当控制杆不动时,车身也不运动。

2010 年,北京工业大学的阮晓钢、赵建伟等研究人员研制出一种名为"原人"的柔性两轮机器人,特点就在于"原人"机器人是基于柔性角度对两轮机器人建模分析的。

2011 年,"两会"期间北京市为了确保会议的安全,在天安门广场为安保警察人员装备了智能电力驱动单人车,能够在广场上完成巡逻工作,结构如图 1.4 所示。驾驶人可坐可站,智能电力驱动单人车通过智能芯片一键完成控制,即行即停及原地 360°转弯。若要减速或停车,只需稍微后仰或稍微下蹲。

图 1.4　智能电力驱动单人车

1.3　国内外研究文献分析

对两轮机器人的研究主要是解决其姿态平衡问题、速度控制和转向控制三个方面,其中,控制其姿态平衡是两轮机器人的最关键环节。文献[29]中提出了一种自适应模糊控制策略,采用单点模糊化,具有自适应能力和鲁棒性。文献[30]中设计了一种模糊进化型极点配置控制器,用于解决两轮机器人的稳定问题。文献[31—33]中都是基于 LQR 思想设计的状态反馈控制器。文献[34]中采用神经元 PID 控制策略,借助神经网络自学习和自适应能力,实时调整控制器各项参数,验证了该控制器的正确性和有效性。

文献[35]中设计了一种模糊滑膜控制策略,该策略具有较强的鲁棒性,还消除了系统的高频颤动现象。文献[36]中提出了一个新颖的方法来解决机器人的运动平衡问题,即人工感知运动系统,结果表明,该人工感知运动系统的鲁棒性更好。文献[37]中基于融合函数将 LQR 算法和模糊控制理论相结合的策略设计了 LQR-模糊控制器,实验验证该策略是可行的。文献[38]中设计了自适应神经模糊推理系统,利用神经网络自学习性,完成模糊控制的模糊化、模糊推理和反模糊化过程,控制效果显著。文献[39—41]中都是利用粒子群算法优化 LQR 控制器,最后应用到倒立摆系统中,最后验证得出粒子群算法的优化性能。

1.4　两轮机器人的研究难点

两轮机器人因其特有的机械结构使其构成了绝对不稳定系统,造成其数学模型也具有非线性以及强耦合性等复杂因素,使得建立数学模型变得困难;又因在两轮式机器人的研究中其核心问题是姿态平衡问题,若要使机器人保持并能恢复平衡状态,就对控制器提出更高要求,而设计良好的控制器,关键在于采用何种控制策略,使得设计的控制器能使两轮机器人在无外力干扰情况下或者在外界干扰下都能保持平衡或快速恢复自身姿态平衡。

下面将论述在研究两轮机器人工作中的几大难点。

(1)数学模型建立。目前两轮机器人的典型数学模型有运动学模型和动力学模型两种。运动学模型表示机器人的速率和自身偏转角与车轮角速度的关系;动力学模型表示机器人电动机电压与车轮角速度的关系。对两轮机器人数学模型的研究一直是机器人研究领域内的难题之一,典型的建模分析方法有牛顿经典力学法和拉格朗日法。

(2)姿态信息获取。在姿态信息获取方面,两轮机器人是采用低成本的加速度计和陀螺仪传感器组合获得它的姿态信息,其难点在于加速度计和陀螺仪比较敏感,易受到外界因素干扰,又因陀螺仪在长时间工作下会存在漂移误差,为此,需运用滤波算法对惯性传感器的数据进行滤波处理,得到更精确的姿态信息。

(3)控制算法研究。两轮机器人的控制策略源自于对倒立摆控制系统的研究,因此,可用倒立摆的控制理论和策略来研究两轮机器人;线性控制方法主要以 PID 控制算法为主,控制精度高,易实现,但需要精确的数学模型为依据。智能控制方法主要用于一个系统难以建立的精确模型,此时能体现出智能控制方法的优越性。

第 2 章　永磁同步两轮机器人电动机的数学模型及控制策略

本章对永磁同步两轮机器人电动机的数学模型进行分析介绍，阐述了三种坐标系统之间的变换方法以及空间矢量调制技术，并进行仿真和应用。

2.1　引言

永磁同步两轮机器人电动机和普通电励磁同步两轮机器人电动机的主要区别在于励磁方式不同，前者是高性能的永磁材料形成转子的励磁磁场，后者是转子励磁绕组通电形成的转子励磁磁场。永磁同步两轮机器人电动机拥有更加简单的结构，用永磁材料代替通电的励磁绕组，解决了励磁绕组中的电能损耗问题，从而提高了两轮机器人电动机的工作效率。永磁同步两轮机器人电动机的定子绕组与普通电励磁同步两轮机器人电动机的定子绕组相同，二者都是三相对称绕组，需按照两轮机器人电动机惯例对各个物理量规定正方向。在数学模型的建立过程中，做出以下假设：

（1）转子上不存在阻尼绕组。

（2）不计铁芯涡流和磁滞损耗。

（3）忽略定子铁芯饱和，认为磁路线性，电感参数不变。

（4）转子磁场在气隙空间分布为正弦波，定子绕组中的感应电势也为正弦波。

图 2.1 是永磁同步两轮机器人电动机的结构简化图。图中三相定子绕组轴线在空间上逆时针排列，两两相差 120°电角度，把 A 相绕组轴线作为定子静止参考轴，转子永磁极产生的基波磁场方向作为直轴（d 轴），超前直轴 90°电角度的位置为交轴（q 轴）。d 轴与 A 相绕组轴线的逆时针夹角为转子位置角 θ。

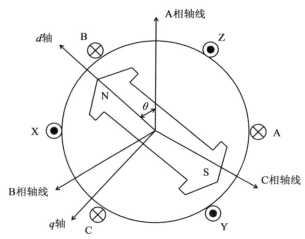

图 2.1　永磁同步两轮机器人电动机结构简图

2.2　永磁同步两轮机器人电动机坐标系统变换

常用的永磁同步两轮机器人电动机空间坐标系统主要有三种:定子静止三相 ABC 坐标系统、定子静止两相 $\alpha\beta$ 坐标系统、转子 dq 坐标系统。通过坐标变换将三个坐标系统联系在一起。

2.2.1　三相静止坐标系到两相静止坐标系的变换（Clarke 变换）

定子静止三相 ABC 坐标系统和两相 $\alpha\beta$ 坐标系统的空间位置关系如图 2.2 所示,其中 A、B、C 坐标轴两两相差 120°电角度,A 轴与 α 轴重合,其中 i_α、i_β 与 i_a、i_b、i_c 表示各轴上定子电流的分量。

将三相 ABC 坐标系统中各轴上的分量用两相 $\alpha\beta$ 坐标系统中各轴的分量代替,就是 Clarke 变换,简写为 $C_{ABC-\alpha\beta}$,其公式为式(2.1)。相反,将两相 $\alpha\beta$ 坐标系统中各轴的分量用三相 ABC 坐标系统中各轴上的分量代替,就是 Clarke 逆变换,简写为 $C_{\alpha\beta-ABC}$,其公式为式(2.2)。

$$C_{\text{ABC}-\alpha\beta} = \sqrt{\frac{2}{3}} \begin{bmatrix} 1 & -\dfrac{1}{2} & -\dfrac{1}{2} \\ 0 & \dfrac{\sqrt{3}}{2} & -\dfrac{\sqrt{3}}{2} \end{bmatrix} \tag{2.1}$$

$$C_{\alpha\beta-\text{ABC}} = \sqrt{\frac{2}{3}} \begin{bmatrix} 1 & 0 \\ -\dfrac{1}{2} & \dfrac{\sqrt{3}}{2} \\ -\dfrac{1}{2} & -\dfrac{\sqrt{3}}{2} \end{bmatrix} \tag{2.2}$$

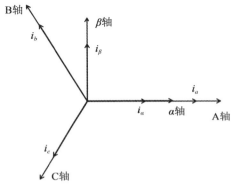

图 2.2   三相 ABC 坐标系统和两相 αβ 坐标系统的关系图

2.2.2   两相静止坐标系到两相旋转坐标系的变换（Park 变换）

定子静止两相 $\alpha\beta$ 坐标系与转子 dq 坐标系的空间位置关系如图 2.3 所示，其中 d 轴与主磁通的方向重合，且与 α 轴之间的夹角为 θ，i_α、i_β 与 i_d、i_q 表示各轴上定子电流的分量。

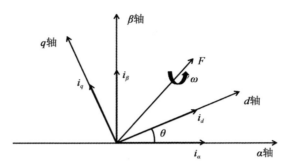

图 2.3　两相静止 $\alpha\beta$ 坐标系和两相旋转 dq 坐标系的关系图

将两相静止坐标系中 α、β 轴上的分量用两相旋转坐标系中 d、q 轴分量来表示,即 Park 变换,其公式为式(2.3)。相反,将 d、q 轴上的分量用 α、β 轴上的分量表示时,称为 Park 逆变换,其公式为式(2.4)。

$$C_{\alpha\beta-dq} = \begin{bmatrix} \cos\theta & \sin\theta \\ -\sin\theta & \cos\theta \end{bmatrix} \tag{2.3}$$

$$C_{dq-\alpha\beta} = \begin{bmatrix} \cos\theta & -\sin\theta \\ \sin\theta & \cos\theta \end{bmatrix} \tag{2.4}$$

2.3 永磁同步两轮机器人电动机数学模型

2.3.1 电压方程

$$\begin{bmatrix} u_a \\ u_b \\ u_c \end{bmatrix} = \begin{bmatrix} R_a & 0 & 0 \\ 0 & R_b & 0 \\ 0 & 0 & R_c \end{bmatrix} \begin{bmatrix} i_a \\ i_b \\ i_c \end{bmatrix} + p \begin{bmatrix} \psi_a \\ \psi_b \\ \psi_c \end{bmatrix} \tag{2.5}$$

式中,u_a、u_b、u_c 为三相定子绕组相电压,V;i_a、i_b、i_c 为三相定子绕组相电流,A;ψ_a、ψ_b、ψ_c 为三相定子绕组匝链的磁链,Wb;R_a、R_b、R_c 为三相定子绕组的电阻,Ω;$p = \mathrm{d}/\mathrm{d}t$ 为微分算子。

经过 Clarke 和 Park 变换得到转子 dq 坐标系统上的两相电压方程,这样能消除磁的耦合,降低数学模型的复杂性。在 dq 坐标系统下的电压方程为式(2.6)。

$$\begin{bmatrix} u_d \\ u_q \end{bmatrix} = \begin{bmatrix} R & 0 \\ 0 & R \end{bmatrix} \begin{bmatrix} i_d \\ i_q \end{bmatrix} + \begin{bmatrix} p & -\omega \\ \omega & p \end{bmatrix} \begin{bmatrix} \psi_d \\ \psi_q \end{bmatrix} \tag{2.6}$$

式中,u_d、u_q 和 i_d、i_q 分别为 d、q 轴上所得的两轮机器人电动机的定子电压,V 和电流的分量,A;R 为定子电阻,Ω;ω 为转子电角速度,rad/s。

2.3.2 磁链方程

$$\begin{bmatrix} \psi_d \\ \psi_q \end{bmatrix} = \begin{bmatrix} L_d & 0 \\ 0 & L_q \end{bmatrix} \begin{bmatrix} i_d \\ i_q \end{bmatrix} + \begin{bmatrix} \psi_f \\ 0 \end{bmatrix} \tag{2.7}$$

式中,ψ_d 为直轴的气息磁链,Wb;ψ_q 为交轴的气息磁链,Wb;L_d、L_q 为定子直轴和定子交轴电感,H;ψ_f 为永磁体产生的磁链,Wb。

2.3.3　电磁转矩方程

$$T_e = \frac{3}{2} p_n (\psi_d i_q - \psi_q i_d) \tag{2.8}$$

式中，T_e 为电磁输出转矩，N・m；p_n 为两轮机器人电动机极对数。

将式(2.7)代入式(2.8)中，得到：

$$T_e = \frac{3}{2} p_n [\psi_f i_q + (L_d - L_q) i_d i_q] \tag{2.9}$$

当所用的两轮机器人电动机为表贴式永磁同步两轮机器人电动机时，定子的直轴电感和交轴电感就会出现相等的情况，即 $L_d = L_q$，则电磁转矩方程为：

$$T_e = \frac{3}{2} p_n \psi_f i_q \tag{2.10}$$

2.3.4　机械运动方程

$$T_e = T_l + J \frac{d\omega_m}{dt} + D\omega_m \tag{2.11}$$

式中，T_l 为负载扰动转矩，N・m；J 为转动惯量，kg・m²；ω_m 为转子机械角速度，rad/s，$\omega_m = \omega / p_n$；D 为转子黏性摩擦系数。

2.4　永磁同步两轮机器人电动机控制策略

2.4.1　永磁同步两轮机器人电动机控制策略概述

永磁同步两轮机器人电动机的控制系统都比较复杂，一个适合系统的控制方法能够在很大程度上提高控制系统的控制性能。目前，矢量控制策略是最常见且最有效的控制方法，常见的两轮机器人电动机矢量控制策略主要有：直轴电流为 0 的控制（$i_d = 0$ 控制）、最大转矩/电流比控制、$\cos\varphi = 1$ 控制、弱磁控制，下面对这四种两轮机器人电动机矢量控制策略的原理及特点进行介绍并加以分析总结。

（1）$i_d = 0$ 控制。在永磁同步两轮机器人电动机的控制系统中，对定子电枢电流在直轴上的分量进行限制，使直轴电流一直保持为零，整个控制过程中只有交轴电流分量。$i_d=0$ 控制方法的优点在于:输出转矩与电流成线性关系、易于数字化、操作简单、调速范围广。该方法适用于中小功率的两轮机器人电动机控制系统中。

（2）最大转矩/电流比控制。这种控制方法通过最优化配置直轴电流和交轴电流,使电磁转矩在最小电流下达到所需的转矩输出。利用最大转矩/电流比控制方法进行两轮机器人电动机控制的优点在于:降低了逆变器和两轮机器人电动机在运行过程中的损耗,提高了工作效率;其缺点在于:算法烦琐不易实现,并且在该控制方法下转矩与功率因数成反比。所以,最大转矩/电流比控制方法适用于功率要求低、转矩及过载能力要求高的两轮机器人电动机控制系统中。

（3）$\cos\varphi=1$ 控制。这种控制方法的实质是控制系统对直轴电流和交轴电流进行有效控制,最终达到两轮机器人电动机的功率因数始终为 1 的控制效果。利用 $\cos\varphi=1$ 控制方法进行两轮机器人电动机控制的优点在于:两轮机器人电动机能够获得较高的功率因数,对变频器的容量利用得更充分;其缺点在于:电枢绕组与负载有紧密的关系,前者会随着后者的变化而进行改变,使其不能保持恒定,会破坏转矩变化与定子电流之间的线性关系。$\cos\varphi=1$ 控制方法适用于大功率两轮机器人电动机调速系统中。

（4）弱磁控制。两轮机器人电动机以恒功率运行时,定子电压会随着转子转速的提高而增加,当定子电压达到极限值后,就不能通过提升电压的方法来提高两轮机器人的电动机转速。两轮机器人电动机的反电动势和转速与气隙磁通的乘积值成正比,为了保证反电动势为额定值,必须使气隙磁通随着转速的增加而降低,这样才能维持电压平衡。但是永磁同步两轮机器人电动机的主磁场基本保持不变,只能通过增加 d 轴去磁分量的方法来削弱主磁场,进而调节气隙磁通,从而调高两轮机器人的电动机转速。弱磁控制的缺点在于:短期运行,不能长时间使用。该方法适用于两轮机器人电动机转速超过额定值但仍需提速的控制系统。

2.4.2　$i_d=0$ 控制

本书采用 $i_d=0$ 的控制方式来控制一台表贴式永磁同步两轮机器人电动机,利用该控制方法对永磁同步两轮机器人电动机进行控制可以降低控制系统的复杂性,在很大程度上促进了电磁转矩与磁通的解耦,避免了因磁分量而引起两轮机器人电动机消磁现象的发生,是一种更为灵活的控制方法。直轴电流 $i_d=0$，根据电磁转矩方程可以得到，电磁转矩 T_e 与交轴电流 i_q 成正比，这样对于电磁转矩的控制更方便，也能更容易获得最大的输出电磁转矩。

$i_d=0$ 的两轮机器人电动机控制系统如图 2.4 所示。该控制系统是双闭环控制系统，外环的反馈信号为两轮机器人电动机转子机械角速度，内环的反馈信号为两轮机器人电动机的直轴和交轴电流。当速度发生变化时，根据给定转速与实际转速的差值，利用速度 PI 调节器进行及时有效的调节，使两轮机器人电动机的实际转速能够快速跟随系统的给定转速；在转速稳定后，速度调节器再次进行调节，以减小速度误差。电流调节器能够针对电压产生的波动，及时进行调节抑制，使系统具有更加快速准确的响应，同时对电流的最大值进行限制，起到了一定的保护作用。

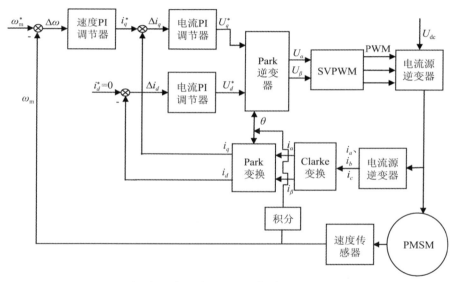

图 2.4　永磁同步两轮机器人电动机矢量控制框图

永磁同步两轮机器人电动机矢量控制框图的基本过程为：通过速度传感器获得永磁同步两轮机器人电动机的实际转子机械角速度 ω_m，将获得的实际转速信号 ω_m 与系统的给定速度信号 ω_m^* 进行比较，得到二者的差值 $\Delta\omega$，再经过速度 PI 调节器得到给定交轴电流 i_q^*；通过电流传感器获得永磁同步两轮机器人电动机的定子三相电流信号 i_a、i_b、i_c，先后经过 Clarke

变换和 Park 变换将三相电流信号转换为直轴电流信号 i_d 和交轴电流信号 i_q，与给定的直轴电流信号 $i_d^* = 0$ 和交轴电流信号 i_q^* 进行比较得到电流差，再经过电流 PI 调节器得到给定的直轴电压 u_d^* 和交轴电压 u_q^*，利用 Park 逆变将直轴电压 u_d^* 和交轴电压 u_q^* 转换为两相电压 u_α^*、u_β^*，再利用电压空间矢量调制技术进行占空比的设置，最后，由电压源逆变器驱动两轮机器人电动机完成最后的两轮机器人电动机调速过程。

2.5 空间矢量调制原理(SVPWM)

永磁同步两轮机器人电动机利用正弦脉宽调制技术能够获得正弦对称的三相电压波形，但是由于三相绕组中存在大量的电流谐波成分，会导致电源电压的浪费，所以人们一直在寻找一种可以提高电源电压利用率的调制方法。空间矢量调制技术以逆变器为控制对象，根据所需的 PWM 波形来改变逆变器的开关状态。利用空间矢量调制技术得到的旋转磁场更接近于圆形，这大大降低了三相绕组中所含的电流谐波成分，极大地提高了电源的使用效率。

空间矢量位置是由逆变器的开关状态所决定的，所以有限的逆变器的开关状态也就决定了空间矢量位置也是有限的。利用已确定位置的空间矢量进行组合，得到的组合结果能够表示所有的空间矢量，这就是空间矢量调制。空间矢量调制根据信号的不同，可分为电压空间矢量调制和电流空间矢量调制，本书对电压空间矢量调制过程进行介绍并进行仿真和实验。

2.5.1 电压空间矢量定义

永磁同步两轮机器人电动机中定子三相绕组的相电压瞬时值用 u_{AN}、u_{BN}、u_{CN} 来表示，那么某一时刻的电压空间矢量都可以用如下复矢量表示：

$$\boldsymbol{u}_{vS} = \boldsymbol{u}_{S\alpha} + j\boldsymbol{u}_{S\beta} = \frac{2}{3}(u_{AN} + au_{BN} + a^2 u_{CN}) \quad (2.12)$$

式中，$a = e^{j\frac{2\pi}{3}}$ 为单位复矢量。

式(2.12)中三相绕组的相电压 u_{AN}、u_{BN}、u_{CN} 是中性点参考电压，但是实际电压空间矢量的计算过程与中性点参考电压无关，因此，可以用两端电压之差表示相电压。

$$\begin{cases} u_{AN} = u_A - u_N \\ u_{BN} = u_B - u_N \\ u_{CN} = u_C - u_N \end{cases} \tag{2.13}$$

在单位复矢量之间存在恒等式 $1 + a + a^2 = 0$，结合式（2.12）和式（2.13），整理后可以得到端电压 u_A、u_B、u_C 表示的电压空间矢量，如式（2.14）所示。

$$\boldsymbol{u}_{vS} = \frac{2}{3}(u_A + a u_B + a^2 u_C) \tag{2.14}$$

三相电压源逆变器的结构如图 2.5 所示。根据式（2.14）可以得到，如果知道某一时刻三相绕组的端电压，就可以通过计算得到该时刻的电压空间矢量。选择三相逆变器的开关状态为 S_A、S_B、S_C，在三相电压源逆变器中，同一桥臂不能同时导通两个开关管，如果上桥臂导通就认为开关导通状态为 1，如果下桥臂导通就认为开关导通状态为 0。这样三相逆变器的开关状态有 8 种组合方式：$\boldsymbol{U}_0(000)$、$\boldsymbol{U}_1(001)$、$\boldsymbol{U}_2(010)$、$\boldsymbol{U}_3(011)$、$\boldsymbol{U}_4(100)$、$\boldsymbol{U}_5(101)$、$\boldsymbol{U}_6(110)$、$\boldsymbol{U}_7(111)$，其中 $\boldsymbol{U}_0(000)$ 和 $\boldsymbol{U}_7(111)$ 为零电压矢量，其余为非零电压矢量，或称为工作电压矢量。

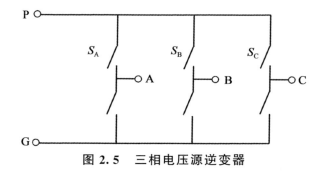

图 2.5　三相电压源逆变器

将零电压的参考点设为电源负极或接地端，直流母线电压用 U_{dc} 来表示，那么三相绕组的端电压为：

$$\begin{cases} u_A = U_{dc} S_A \\ u_B = U_{dc} S_B \\ u_C = U_{dc} S_C \end{cases} \tag{2.15}$$

将式（2.15）代入式（2.14）中，得到用开关状态来表示的电压空间矢量，如式（2.16）所示。

$$\boldsymbol{u}_{vS}(S_A S_B S_C) = \frac{2}{3} U_{dc}(S_A + \boldsymbol{a}S_B + \boldsymbol{a}^2 S_C) \qquad (2.16)$$

根据逆变器的开关状态,利用式(2.15)和式(2.16)计算得到三相绕组的端电压和电压空间矢量,如表 2.1 所示。

表 2.1　逆变器工作模式与输出电压关系

开关状态			三相端电压			电压空间矢量	矢量编号
S_A	S_B	S_C	u_A	u_B	u_C	$\boldsymbol{u}_{vS}$	$\boldsymbol{U}_x$
1	0	0	U_{dc}	0	0	$(2/3)U_{dc}$	$\boldsymbol{U}_4$
1	1	0	U_{dc}	U_{dc}	0	$(2/3)U_{dc}\mathrm{e}^{(j\pi)/3}$	$\boldsymbol{U}_6$
0	1	0	0	U_{dc}	0	$(2/3)U_{dc}\mathrm{e}^{(2j\pi)/3}$	$\boldsymbol{U}_2$
0	1	1	0	U_{dc}	U_{dc}	$(2/3)U_{dc}\mathrm{e}^{(j\pi)}$	$\boldsymbol{U}_3$
0	0	1	0	0	U_{dc}	$(2/3)U_{dc}\mathrm{e}^{(4j\pi)/3}$	$\boldsymbol{U}_1$
1	0	1	U_{dc}	0	U_{dc}	$(2/3)U_{dc}\mathrm{e}^{(5j\pi)/3}$	$\boldsymbol{U}_5$
1	1	1	U_{dc}	U_{dc}	U_{dc}	0	$\boldsymbol{U}_7$
0	0	0	0	0	0	0	$\boldsymbol{U}_0$

　　将表 2.1 中 8 个电压矢量的大小及位置关系用图像的形式表示出来,如图 2.6 所示。其中 6 个工作电压矢量将整个复平面分为 6 个均匀的扇形区域,用编号Ⅰ、Ⅱ、Ⅲ、Ⅳ、Ⅴ、Ⅵ来表示,两个零电压矢量位于整个复平面的中心位置。

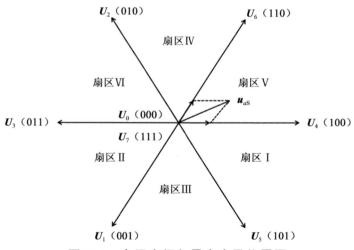

图 2.6　电压空间矢量大小及位置图

　　任意一个电压空间矢量有多种工作电压矢量组合形式,如图 2.6 所示的一个非零电压矢量 $\boldsymbol{u}_{aS}$,其工作电压组合形式有:$\boldsymbol{U}_6$(110)和 $\boldsymbol{U}_4$(100),$\boldsymbol{U}_6$(110)和 $\boldsymbol{U}_5$(101),$\boldsymbol{U}_6$

（110）、U_4（100）和 U_2（010）等。利用 3 个工作电压矢量 U_6（110）、U_4（100）和 U_2（010）合成非零电压矢量 u_{aS}，这种合成方法不唯一，因为非零电压矢量在 3 个工作电压矢量上分解分量不唯一，所以一般不采用这种合成方式。对于 U_6（110）和 U_5（101）这种组合方式，非零电压矢量的合成方法唯一，但是两个工作电压矢量相差 120°，这会导致一些非零电压矢量的幅值超过工作电压矢量的幅值，不能提高电源电压的利用率，所以一般也不会采用这种合成方式。对于 U_6（110）和 U_4（100）这种组合方式，两个工作电压矢量相邻，非零电压矢量的合成方法只有一种，并且非零电压矢量的幅值不会超过工作电压矢量的幅值，所以，一般采用这种组合方式应用于电压空间矢量调制技术中。

2.5.2　确定电压空间矢量所在扇区

由图 2.6 可以看出，工作电压矢量位于三相绕组的轴线上，这样每个扇区可以看作是由三相绕组的轴线划分的。将三相绕组的轴线沿逆时针方向进行旋转，当转动角度达到 90°时停止，并用单位矢量 $e^{j\pi/2}$、$ae^{j\pi/2}$、$a^2e^{j\pi/2}$ 来表示，将其称为三相绕组轴线的法矢量，如图 2.7 所示。

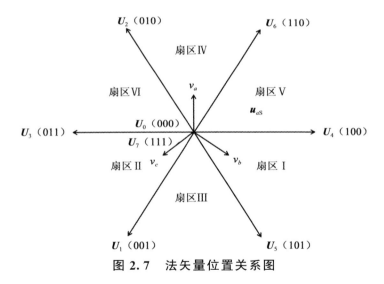

图 2.7　法矢量位置关系图

对于一个电压空间矢量，判断其所处扇区的最常用方法是，将电压空间矢量投影到法矢量上，以投影的正负来判断。所以定义三个标量 v_a、v_b、v_c 用来表示给定电压矢量 u_{aS} 在三个法矢量上的投影，再根据 v_a、v_b、v_c 的正负确定给定电压空间矢量所在扇区。标量 v_a、v_b、v_c 如下：

$$\begin{cases} v_a = \mathrm{Re}\{\boldsymbol{u}_{a\mathrm{S}}^* \mathrm{e}^{\frac{j\pi}{2}}\} = \boldsymbol{u}_{\mathrm{S}\beta} \\ v_b = \mathrm{Re}\{\boldsymbol{u}_{a\mathrm{S}}^* \boldsymbol{a}\, \mathrm{e}^{\frac{j\pi}{2}}\} = \frac{1}{2}(\sqrt{3}\,\boldsymbol{u}_{\mathrm{S}a} - \boldsymbol{u}_{\mathrm{S}\beta}) \\ v_c = \mathrm{Re}\{\boldsymbol{u}_{a\mathrm{S}}^* \boldsymbol{a}^2 \mathrm{e}^{\frac{j\pi}{2}}\} = \frac{1}{2}(-\sqrt{3}\,\boldsymbol{u}_{\mathrm{S}a} - \boldsymbol{u}_{\mathrm{S}\beta}) \end{cases} \tag{2.17}$$

通过式(2.17)计算得到 v_a、v_b、v_c 的值,再根据 v_a、v_b、v_c 的正负确定二进制编码 A、B、C 的值,其过程如下:

若 $v_a > 0$,则 $A = 1$,若 $v_a < 0$,则 $A = 0$;

若 $v_b > 0$,则 $B = 1$,若 $v_b < 0$,则 $B = 0$;

若 $v_c > 0$,则 $C = 1$,若 $v_c < 0$,则 $C = 0$。

将二进制编码 A、B、C 的值通过式(2.18)计算得到十进制编码 N 的值。N 的值就是给定电压空间矢量在图 2.7 中所处扇区的编号。

$$N = 4A + 2B + C \tag{2.18}$$

2.5.3　确定电压空间矢量的作用时间

在确定了电压空间矢量所处的扇区之后,就要确定电压空间矢量的作用时间,定义通用变量 X、Y、Z 如下:

$$\begin{cases} X = \dfrac{\sqrt{3}\,T}{U_{\mathrm{dc}}}\boldsymbol{u}_{\mathrm{S}\beta} \\ Y = \dfrac{\sqrt{3}\,T}{U_{\mathrm{dc}}}\boldsymbol{u}_{\mathrm{S}\beta} + \dfrac{3T}{2U_{\mathrm{dc}}}\boldsymbol{u}_{\mathrm{S}a} \\ Z = \dfrac{\sqrt{3}\,T}{U_{\mathrm{dc}}}\boldsymbol{u}_{\mathrm{S}\beta} - \dfrac{3T}{2U_{\mathrm{dc}}}\boldsymbol{u}_{\mathrm{S}a} \end{cases} \tag{2.19}$$

两个工作电压矢量一半的作用时间用 t_1 和 t_2 表示,其中 t_1 对应工作电压矢量开关状态只有一个 1($\boldsymbol{U}_1$、$\boldsymbol{U}_2$、$\boldsymbol{U}_4$)的作用时间,t_2 对应工作电压矢量开关状态有两个 1($\boldsymbol{U}_3$、$\boldsymbol{U}_5$、$\boldsymbol{U}_6$)的作用时间。作用时间 t_1、t_2 与扇区编号的对应关系如表 2.2 所示。

表 2.2　作用时间与扇区编号的关系表

扇区编号 N	I	II	III	IV	V	VI
时间 t_1	Z	Y	$-Z$	$-X$	X	$-Y$
时间 t_2	Y	$-X$	X	Z	$-Y$	$-Z$

由于工作电压矢量的幅值受电源电压的影响,所以在系统的实际运行过程中,工作电压矢量的幅值可能会出现减小的现象,这就会导致作用时间 t_1 和 t_2 之和超过 PWM 周期 T_s 的一半(T),也就是超过了给定电压空间矢量作用总时间的一半,即 $t_1 + t_2 > T$,我们将这种情况称为饱和现象。

如果工作电压矢量的作用时间出现饱和,需要对 t_1、t_2 进行修正,修正后的结果用 T_1、T_2 表示,修正方法如下:

$$\begin{cases} T_1 = \dfrac{t_1 T}{t_1 + t_2} \\ T_2 = \dfrac{t_2 T}{t_1 + t_2} \end{cases} \qquad (2.20)$$

如果工作电压矢量的作用时间没有出现饱和现象,则不需要对 t_1、t_2 修正,仍然记为 T_1、T_2。

$$\begin{cases} T_1 = t_1 \\ T_2 = t_2 \end{cases} \qquad (2.21)$$

为了方便,一般假设两个零电压矢量的作用时间相等,则可以得到:

$$T_0 = T_7 = \frac{T - T_1 - T_2}{2} \qquad (2.22)$$

判断出给定电压空间矢量的扇区后,根据逆变器开关次数最少的原则就可以得到电压空间矢量的作用顺序,其规律如图 2.8 中①②③④⑤⑥所示。

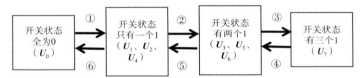

图 2.8 电压空间矢量作用顺序图

例如,位于扇区Ⅳ的给定电压空间矢量,选择工作电压矢量 U_2、U_6 以及零电压矢量 U_0、U_7 进行调制,根据逆变器开关次数最少的原则列出这 4 个工作电压矢量的作用顺序,如下:$U_0 \rightarrow U_2 \rightarrow U_6 \rightarrow U_7 \rightarrow U_6 \rightarrow U_2 \rightarrow U_0$。经过电压空间矢量调制之后产生的 PWM 波形如图 2.9 所示。

由图 2.9 可以得到,三相 PWM 波形的周期脉冲宽度不一定相等,用 T_{1on}、T_{2on}、T_{3on} 表示由宽到窄的半个周期脉冲宽度,零电压矢量的作用时间相等($T_0 = T_7$),所以 T_{1on}、T_{2on}、T_{3on} 的计算公式如下:

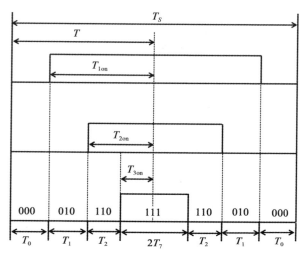

图 2.9　电压空间矢量调制产生的 PWM

$$\begin{cases} T_{1on} = \dfrac{T + T_1 + T_2}{2} \\ T_{2on} = T_{1on} - T_1 \\ T_{3on} = T_{2on} - T_2 \end{cases} \qquad (2.23)$$

　　得到三相 PWM 波形的半周期脉宽之后,还需要确定半周期脉冲宽度与三相逆变器输出的对应关系,表 2.3 给出了各个扇区中二者的对应关系。

表 2.3　各个扇区的三相逆变器输出表

扇区编号 N	Ⅰ	Ⅱ	Ⅲ	Ⅳ	Ⅴ	Ⅵ
A 相	T_{1on}	T_{3on}	T_{2on}	T_{2on}	T_{1on}	T_{3on}
B 相	T_{3on}	T_{2on}	T_{3on}	T_{1on}	T_{2on}	T_{1on}
C 相	T_{2on}	T_{1on}	T_{1on}	T_{3on}	T_{3on}	T_{2on}

　　确定三相逆变器的输出之后,就能够实现对两轮机器人电动机的控制。

2.5.4　MATLAB 仿真及结果分析

　　利用 SIMULINK 模块对基于 SVPWM 的永磁同步两轮机器人电动机调速系统进行仿真,搭建仿真模型,得到仿真结果。根据 T_{1on}、T_{2on}、T_{3on} 得到 PWM 波形。

仿真结果：

2.5.4.1　两轮机器人电动机 q 轴电流

采用 $i_d=0$ 控制策略对永磁同步两轮机器人电动机进行有效控制，所以只需分析 q 轴电流。由图 2.10 可以看出，在 $t=0.3\text{s}$ 时，给两轮机器人电动机加入了负载，导致 q 轴电流增大。在 $t=0.6\text{s}$ 时，此时两轮机器人电动机进行加速，q 轴电流发生波动，但是很快恢复。

2.5.4.2　三相电流

由图 2.11 可以看出，三相电流均为正弦波。在 $t=0.3\text{s}$ 时，给两轮机器人电动机加入负载，三相电流在小幅度变化后趋于稳定，且幅值变大；在 $t=0.6\text{s}$ 时，此时两轮机器人电动机速度变大，导致三相电流出现波动，但随后趋于稳定，且电流周期变小。

通过以上仿真结果，证明了基于 SVPWM 的 PMSM 调速系统的可行性，为转动惯量的辨识做好了基础。

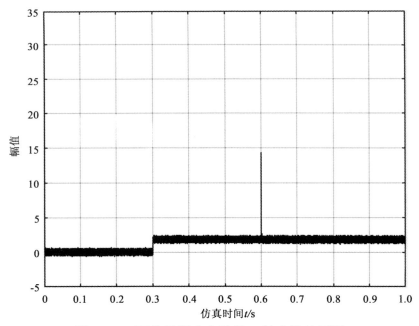

图 2.10　两轮机器人电动机 q 轴电流波形图

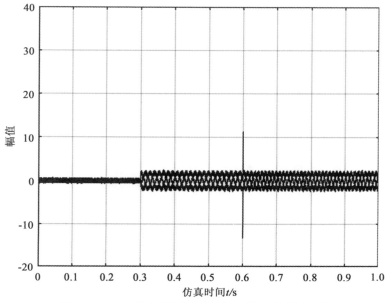

图 2.11　两轮机器人电动机三相电流波形图

2.6　本章小结

　　本章基于对永磁同步两轮机器人电动机三种坐标系统变换方法的阐述,建立了相应的数学模型,详细阐述了永磁同步两轮机器人电动机矢量控制策略的原理及特点,并对电压空间矢量调制过程进行了仿真和实验。

第 3 章 两轮机器人的物理建模分析

关于两轮机器人运动控制的研究,可以简单划分为三个控制任务:即姿态平衡控制研究、速度控制研究以及转向控制研究。其中,姿态平衡控制是两轮机器人运动控制中最核心、最关键,也是最基础的研究控制环节,对于两轮机器人的速度控制以及转向控制的研究都是建立在姿态平衡控制研究的基础之上,也是决定着速度控制和转向控制能否实现的前提。两轮机器人因其灵活性和便利性一直深受国内外控制领域和机械领域研究学者的广泛关注。因两轮机器人物理特性以及特有的两轮机械结构等其他复杂因素构成一种绝对不稳定系统,也直接增加建立其数学模型的难度。又因其模型存在非线性以及强耦合性等因素,研究人员若想控制其运动,就必须设计控制性能良好的控制器。控制器的设计往往都是基于精确的数学模型,而在两轮机器人研究领域,其数学模型一般分为两种:运动学模型和动力学模型。运动学模型表示两轮机器人的速度和转向角与其车轮角速度的关系;而动力学模型表示的是两轮机器人的电动机电压与车轮角速度的关系。两轮机器人虽然两轮机械结构简单,但该系统存在复杂的动力学因素,使得两轮机器人数学模型的研究工作变得困难,这也体现了在两轮机器人的研究工作中建模的重要性。

本章首先分析了两轮机器人的受力情况,再运用牛顿力学法以及拉格朗日法对两轮机器人分别建立运动学模型以及动力学模型,论证了利用两种算法建模的一致性;其次,为了简化对两轮机器人系统的分析难度及控制器的设计任务,在零平衡点附近对两轮机器人模型进行线性化分析,随即求解出近似的两轮机器人线性状态模型;又因两轮机器人本身存在强耦合特性,为解决两轮机器人的姿态平衡问题,需将两轮机器人模型分解成多个子模型;最后,再运用控制领域理论对两轮机器人整个模型是否稳定、是否能控制以及是否能观测进行定性研究分析,以便为控制器的设计奠定理论依据。

3.1 两轮机器人的工作原理

对于两轮机器人的研究是基于对倒立摆控制系统的研究发展而来,这种机器人本身具有自平衡能力,两轮机器人前后运动产生倾斜角 θ 的示意图如图 3.1 所示。两轮机器人作为一种特殊的倒立摆系统,也会存在运动平衡问题,区别就在于两轮机器人能够在其直立平衡状态下依然能完成前进、后退以及转弯等多种复杂运动状态。

由于本书的研究对象是刚性两轮机器人系统,即左右轮与车身是完全独立的,也就是说该机器人左右轮的转动运动与车身的前后运动二者是完全独立的,因此,当操作者未对两轮机器人进行任何操作时,两轮机器人是处于静止状态,即两轮机器人是直立平衡的;当操作者在两轮机器人处于直立平衡情况下时对其施加外力干扰,两轮机器人就会产生三种类型的运动状态:即前进、后退或者静止。两轮机器人是通过滤波算法融合陀螺仪和加速度计传感器实时采集的姿态倾角信息,获取更精确的姿态信息,再将姿态信息反馈给底层控制器,控制器根据反馈信息作出决策,输出左右轮电动机的转矩大小,最终通过控制电动机的转矩大小使得两轮机器人能自动恢复到平衡状态,下面简单分析下两轮机器人的三种运动状态。

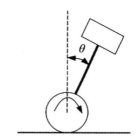

图 3.1　机器人倾斜示意图

3.1.1　前倾

若机器人的重心位置位于左右轮轴心线的前方,因惯性作用车身会向前倾斜,若要使机器人能恢复车身的平衡,就需控制电动机驱动左右轮向后运动,减小车身倾斜角度。

3.1.2　后仰

若机器人的重心位置位于左右轮轴心线的后方,因惯性作用车身会向后倾斜,若要使机器人能恢复车身的平衡,就需控制电动机驱动左右轮向后运动,减小车身倾斜角度。

3.1.3　静止

若机器人的重心位置位于左右轴心线的正上方,即车身倾斜角度为 0,无须控制电动机驱动车轮运动,若无外力干扰,机器人会一直保持静止状态。

因此,两轮机器人恢复自平衡的工作原理是:通过组合陀螺仪和加速度计传感器构成两轮机器人的姿态信息采集部分,实时测量出两轮机器人的姿态倾角以及角速度等姿态信息,再将采集的信息反馈给底层控制器,控制器根据滤波算法对反馈的信息作滤波处理,滤波得出更精确的姿态信息。通过所设计的控制器输出控制量,最终通过控制左右轮电动机输出的转矩大小实现两轮机器人姿态的自动调节要求。

3.2　两轮机器人模型分析

3.2.1　建立坐标系及系统参数

本书上文也提到两轮机器人因非线性等多种复杂因素决定了它是一个绝对不稳定的控制系统,增加了建立其精确的数学模型的难度。因此,有必要简化两轮机器人模型的分析任务,假设本书先是在允许的误差范围内剔除掉因弹性摩擦等对两轮机器人系统有影响的因素,再对系统进行合理假设分析,并建立满足刚性机器人的近似坐标系。本书以机器人的左右轮轴中心为整个坐标系的原点 O,将机器人的前进方位定为 x 轴正向,垂直左右轮轴线的定为 y 轴正向,z 轴与左右轮同轴线,且坐标系的方向选择满足右手法则。两轮机器人系统的受力情况如图 3.2 所示。表 3.1 为两轮机器人系统部分参数。

为便于分析机器人系统,本书需进行合理假设分析,进而建立近似的两轮机器人系统模型,为了降低对系统研究的难度,允许忽略掉系统的弹性误差和信号干扰,为此,本书做出以下一些合理的假设或简化,具体假设如下:

(1)本书研究的刚性两轮机器人主要为左轮、右轮及车身 3 个独立部分,而且左右轮只存在滚动,并无其他滑动。

(2)本书只考虑由摩擦而产生的力和力矩,其他一概忽略。

(3)当机器人运动时,电动机转动就会产生转动摩擦,需忽略掉电动机无负载时产生的阻碍转矩,因此,在该情况下的电动机转矩即为电磁转矩。

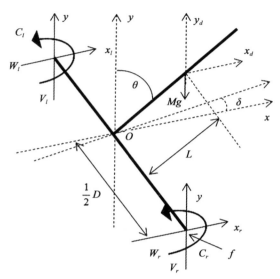

图 3.2　两轮机器人受力分析图

表 3.1　两轮机器人系统部分参数

参数（符号）	参数的意义
R	左右轮的半径
D	左右轮的间距
L	机器人车体重心距 Z 轴距离
m	车轮的质量
M	机器人总质量
x	左右轮转轴中心距离
J_{ω}	左右轮对机器人转轴转动产生的转动惯量 $J_{\omega}=\dfrac{1}{2}mR^2$
J_{δ}	机器人机体对 y 轴的运动产生的转动惯量 $J_{\delta}=\dfrac{1}{2}MD^2$

参数（符号）	参数的意义
J_p	机器人机体对 y 轴的运动产生的转动惯量 $J_p = \frac{1}{2}ML^2$
θ	机器人机体与 y 轴的夹角
ω	机器人机体与 y 轴的夹角运动产生的角速度
δ	机器人机体与 x 轴的夹角
x_i、x_r	左右轮在运动时产生的位移
f_i、f_r	左右轮在运动时与地面产生的摩擦力
H_i、H_r	左右轮与机器人机体之间产生的力在 x 轴上的分量
V_i、V_r	左右轮与机器人机体之间产生的力在 y 轴上的分量
C_i、C_r	左边、右边在运动时控制电动机的输出转矩
C_θ、C_δ	二自由度子系统 1 的输入转矩和 2 的输入转矩
x_p、y_p	机体质心的位置
C_{ir}	二自由度子系统 1 左边、右边电动机控制时的输出转矩

在建立两轮机器人数学模型之前，需知晓两轮机器人的 6 个姿态变量：即位移量 x、前进速度 v、车身倾斜角 θ、倾角速度 $\dot{\theta}$、车身转向角 δ 以及转向角速度 $\dot{\delta}$。两轮机器人在做前进和后退运动时会产生相应的位移量以及速度量，车身前后倾斜会产生倾斜角以及倾角速度量，机器人转弯运动会产生转向角以及转角速度，因此，要要实现对两轮机器人的控制要求，就必须通过分析处理两轮机器人这 6 个姿态信息，以便更好地设计两轮机器人的底层控制器。但机器人的这 6 个姿态变量都不是直接由传感器测量得出，它们都与机器人左右轮的运动状态存在关系，所以必须先计算其左右轮的运动状态量来确定两轮机器人的姿态信息，它们的换算关系如下表述：

位移量的关系式：

$$x = \frac{1}{2}(x_l + x_r) \tag{3.1}$$

转向角的关系式：

$$\delta = \frac{1}{D}(x_l - x_r) \tag{3.2}$$

其中：

$$x_l = R\theta_l \tag{3.3}$$

$$x_r = R\theta_r \tag{3.4}$$

因此，根据式（3.3）和式（3.4）推导出：

$$x = \frac{1}{2}R(\theta_l + \theta_r) \tag{3.5}$$

$$\dot{x} = \frac{1}{2} R(\dot{\theta}_l + \dot{\theta}_r) \tag{3.6}$$

$$\delta = \frac{1}{D} R(\theta_l - \theta_r) \tag{3.7}$$

$$\dot{\delta} = \frac{1}{D} R(\dot{\theta}_l - \dot{\theta}_r) \tag{3.8}$$

3.2.2　运动学模型分析

运用牛顿力学法对上述两轮机器人的受力情况进行分析,建立机器人左右轮以及车身的运动学模型,具体分析如下:

机器人左轮模型分析:

$$\ddot{x}_l m = f_l - H_l \tag{3.9}$$

$$J_w \frac{\ddot{x}_l}{R} = C_l - f_l R \tag{3.10}$$

将式(3.10)代入式(3.9),消去 f_l 可得:

$$\ddot{x}_l m = \frac{C_l}{R} - \frac{J_w \ddot{x}_l}{R^2} - H_l \tag{3.11}$$

机器人右轮模型分析:

$$\ddot{x}_r m = f_r - H_r \tag{3.12}$$

$$J_w \frac{\ddot{x}_r}{R} = C_r - f_r R \tag{3.13}$$

将式(3.13)代入式(3.12),消去 f_r 可得:

$$\ddot{x}_r m = \frac{C_r}{R} - \frac{J_w \ddot{x}_r}{R^2} - H_r \tag{3.14}$$

机器人的车身模型分析:

$$\ddot{x}_p M = H_l + H_r \tag{3.15}$$

$$J_\theta \ddot{\theta} = (V_l + V_r) L \sin\theta - (C_l + C_r) - (H_l + H_r) L \cos\theta \tag{3.16}$$

$$\ddot{y}_p M = V_l + V_r - Mg \tag{3.17}$$

$$J_\delta \ddot{\delta} = (H_l - H_r) \frac{D}{2} \tag{3.18}$$

其中:

$$x_p = x + L \sin\theta \tag{3.19}$$

$$y_p = L \cos\theta \tag{3.20}$$

综合上述式子求解得两轮机器人的非线性模型如式(3.21)~式(3.23):

$$\ddot{x} \left(M + 2m + \frac{2J_w}{R^2} \right) + ML(\ddot{\theta}\cos\theta - \dot{\theta}^2 \sin\theta) = \frac{1}{R}(C_l + C_r) \tag{3.21}$$

$$J_p \ddot{\theta} = MgL\sin\theta - ML^2 \dot{\theta}^2 \sin\theta\cos\theta - ML^2 \ddot{\theta}\sin^2\theta -$$

$$\left(1 + \frac{L\cos\theta}{R} \right)(C_l + C_r) + 2L \left(m + \frac{J_w}{R^2} \right)\cos\theta \cdot \ddot{x} \tag{3.22}$$

$$\left(Dm+\frac{2J_\delta}{D}+\frac{DJ_\omega}{R^2}\right)\ddot{\delta}=\frac{1}{R}(C_l-C_r) \tag{3.23}$$

3.2.3 动力学模型分析

运用拉格朗日法对两轮机器人的受力情况进行分析,建立左右轮以及车身的动力学模型,具体分析如下。

拉格朗日方程:

$$\frac{\mathrm{d}}{\mathrm{d}t}\left(\frac{\partial T}{\partial q_j}\right)+\frac{\partial T}{\partial q_j}=Q_j \qquad (j=1,2,\cdots,k)$$

式中,$q_1,q_2,\cdots,q_k$ 为广义坐标;Q_j 为广义力,也可以是力矩、力或其他力学量;T 为相对惯性系的动能。

本书取自平衡的两轮机器人的广义坐标为左右轮转角 $\theta_l、\theta_r$,机器人车身倾角 θ,广义力(电动机转矩)分别为 $C_l、C_r$ 和 $MgL\sin\theta-C_l-C_r$,求得两轮机器人的拉格朗日方程为:

$$\frac{\mathrm{d}}{\mathrm{d}t}\left(\frac{\partial T}{\partial \theta_l}\right)-\frac{\partial T}{\partial \theta_l}=C_l \tag{3.24}$$

$$\frac{\mathrm{d}}{\mathrm{d}t}\left(\frac{\partial T}{\partial \theta_r}\right)-\frac{\partial T}{\partial \theta_r}=C_r \tag{3.25}$$

$$\frac{\mathrm{d}}{\mathrm{d}t}\left(\frac{\partial T}{\partial \theta}\right)-\frac{\partial T}{\theta}=MgL\sin\theta-C_l-C_r \tag{3.26}$$

机器人车身的转动动能 T_1 包括绕 y 轴和 z 轴的转动动能,所以:

$$T_1=\frac{J_\delta\delta^2}{2}+\frac{J_P\theta^2}{2} \tag{3.27}$$

机器人车体的平动动能:

$$T_2=\frac{1}{2}M(v_x^2+v_y^2+v_z^2) \tag{3.28}$$

其中:

$$v_x=x'_p=\left[L\sin\theta+\frac{1}{2}R(\theta_l+\theta_r)\right]'=L\theta\cos\theta+\frac{1}{2}R(\theta_l+\theta_r) \tag{3.29}$$

$$v_y=y'_p=(L\cos\theta)'=-L\theta\sin\theta \tag{3.30}$$

$$v_z=0 \tag{3.31}$$

左右轮的平动动能和转动动能分别为:

$$T_3=\frac{1}{2}m(v_l^2+v_r^2) \tag{3.32}$$

$$T_4=\frac{1}{2}J_\omega(\theta_l^2+\theta_r^2) \tag{3.33}$$

机器人总动能:

$$T=T_1+T_2+T_3+T_4 \tag{3.34}$$

结合上述式(3.27)～式(3.33)得出总动能为:

$$T = \frac{J_\partial R^2}{2D^2}(\theta_l - \theta_r)^2 + \frac{J_P\theta^2}{2} + \frac{1}{2}M\{[L\theta\cos\theta + \frac{1}{2}R(\theta_l + \theta_r)]^2 +$$

$$L^2\theta^2\sin^2\theta\} + \left(\frac{1}{2}mR^2 + \frac{1}{2}J_\omega\right)(\theta_l^2 + \theta_r^2) \tag{3.35}$$

通过式(3.24)~式(3.26)和式(3.35)得出基于拉格朗日的两轮机器人模型,模型具体形式为:

$$\frac{J_\partial R^2}{2D^2}(\ddot{\theta}_l - \ddot{\theta}_r) + \frac{1}{2}MR[L(\ddot{\theta}\cos\theta - \dot{\theta}^2\sin\theta) +$$

$$\frac{1}{2}R(\ddot{\theta}_l + \ddot{\theta}_r)] + (mR^2 + J_\omega)\theta_l = C_l \tag{3.36}$$

$$-\frac{J_\partial R^2}{2D^2}(\ddot{\theta}_l - \ddot{\theta}_r) + \frac{1}{2}MR[L(\ddot{\theta}\cos\theta - \dot{\theta}^2\sin\theta) +$$

$$\frac{1}{2}R(\ddot{\theta}_l + \ddot{\theta}_r)] + (mR^2 + J_\omega)\theta_r = C_r \tag{3.37}$$

$$(J_P + ML^2)\ddot{\theta} + \frac{1}{2}MLR(\ddot{\theta}_l + \ddot{\theta}_r)\cos\theta = MgL\sin\theta - C_l - C_r \tag{3.38}$$

根据式(3.3)和式(3.4)得出:

$$\theta_l = \frac{1}{2}\left(\frac{2x}{R} + \frac{D\delta}{R}\right) \tag{3.39}$$

$$\theta_r = \frac{1}{2}\left(\frac{2x}{R} - \frac{D\delta}{R}\right) \tag{3.40}$$

最后,将式(3.39)和式(3.40)代入式(3.36)、式(3.37)和式(3.38)中求得:

$$\left(\frac{J_\partial R}{D} + \frac{1}{2}mDR + \frac{DJ_\omega}{2R}\right)\ddot{\delta} + \left(\frac{1}{2}MR + mR + \frac{J_\omega}{R}\right)\ddot{x} +$$

$$\frac{1}{2}MRL(\ddot{\theta}\cos\theta - \dot{\theta}^2\sin\theta) = C_l \tag{3.41}$$

$$-\left(\frac{J_\partial R}{D} + \frac{1}{2}mDR + \frac{DJ_\omega}{2R}\right)\ddot{\delta} + \left(\frac{1}{2}MR + mR + \frac{J_\omega}{R}\right)\ddot{x} +$$

$$\frac{1}{2}MRL(\ddot{\theta}\cos\theta - \dot{\theta}^2\sin\theta) = C_r \tag{3.42}$$

$$(J_P + ML^2)\ddot{\theta} + ML\ddot{x}\cos\theta = MgL\sin\theta - C_l - C_r \tag{3.43}$$

经比较得出,上述式(3.41)~式(3.43)与基于牛顿力学法建立的非线性模型式(3.21)~式(3.23)具有一致性,因此,研究人员可根据需要选择采用哪种方法。

3.3　两轮机器人的线性化解析

在线性控制领域内,由于线性理论已经相对成熟完善,而且应用也比较广泛;因此,利用线性理论分析线性控制系统时也是水到渠成。而对于一个非线性控制系统,目前由于未形成相对成熟的非线性控制理论来分析一个非线性控制系统,而恰好在线性系统领域中又有比较成熟完善的控制理论,因此,如果能将一个非线性控制系统转换成线性控制系统,这样就能运用完善的线性控制理论去分析线性化的控制系统,这样研究就容易很多,这也是在研究非线性控制系统时的一个策略。因此,要用线性化之后的系统模型去代替原来的非线性系统的模型,然后利用线性分析的体系简化非线性系统的模型,降低非线性系统复杂模型的难度,但是要在合理的效果范围,若是简化之后不能达到控制要求,那么简化就失去了意义。根据线性化数学模型设计出来的控制器应用在原来的非线性数学模型中,理论上都会有比较好的控制效果,这样就简化了非线性系统的难度,为解决非线性系统遇到的问题提供了一种可行性方案。

在系统的平衡点周围近似存在 $\theta \approx 0$,则 $\sin\theta \approx \theta$,$\cos\theta \approx 1$,所以,根据这一特性,代入式(3.21)~式(3.23)中,求得两轮机器人的线性化微分方程如下:

$$\ddot{x}\left(M+2m+\frac{2J_{\omega}}{R^2}\right)+ML\ddot{\theta}=\frac{1}{R}(C_l+C_r) \tag{3.44}$$

$$J_P\ddot{\theta}=MgL\theta-\left(1+\frac{L}{R}\right)(C_l+C_r)+2L\left(m+\frac{J_{\omega}}{R^2}\right)\cdot\ddot{x} \tag{3.45}$$

$$\left(Dm+\frac{2J_{\delta}}{D}+\frac{DJ_{\omega}}{R^2}\right)\ddot{\delta}=\frac{1}{R}(C_l-C_r) \tag{3.46}$$

为便于研究分析,将上式(3.44)~式(3.46)转换成矩阵形式为:

$$
\begin{bmatrix}
M+2m+\dfrac{2J_{\omega}}{R^2} & ML & 0 \\[2mm]
-2L\left(m+\dfrac{J_{\omega}}{R^2}\right) & J_P & 0 \\[2mm]
0 & 0 & Dm+\dfrac{2J_{\delta}}{D}+\dfrac{DJ_{\omega}}{R^2}
\end{bmatrix}
\begin{bmatrix}
\ddot{x} \\[1mm] \ddot{\theta} \\[1mm] \ddot{\delta}
\end{bmatrix}
$$

$$
=\begin{bmatrix}
0 & \dfrac{1}{R} & \dfrac{1}{R} \\[2mm]
MgL & -\left(1+\dfrac{1}{R}\right) & -\left(1+\dfrac{1}{R}\right) \\[2mm]
0 & \dfrac{1}{R} & -\dfrac{1}{R}
\end{bmatrix}
\begin{bmatrix}
\theta \\[1mm] C_l \\[1mm] C_r
\end{bmatrix} \tag{3.47}
$$

两轮机器人共有 6 个状态变量,即 $\begin{bmatrix} x & \dot{x} & \theta & \dot{\theta} & \delta & \dot{\delta} \end{bmatrix}^{\mathrm{T}}$,分别对应两轮机器人的位移 x、倾角 θ、转角 δ、速度 $\dot{x}$、转角速度 $\dot{\delta}$、倾角速度 $\dot{\theta}$,得到机器人系统的线性状态方程,即式(3.48)。其中,公式中的参数 a_{23}、a_{43}、b_{21}、b_{22}、b_{41}、b_{42}、b_{61}、b_{62} 可通过相关参数计算得到。

$$
\begin{bmatrix}
\dot{x} \\ \ddot{x} \\ \dot{\theta} \\ \ddot{\theta} \\ \dot{\delta} \\ \ddot{\delta}
\end{bmatrix}
=
\begin{bmatrix}
0 & 1 & 0 & 0 & 0 & 0 \\
0 & 0 & a_{23} & 0 & 0 & 0 \\
0 & 0 & 0 & 1 & 0 & 0 \\
0 & 0 & a_{43} & 0 & 0 & 0 \\
0 & 0 & 0 & 0 & 0 & 1 \\
0 & 0 & 0 & 0 & 0 & 0
\end{bmatrix}
\begin{bmatrix}
x \\ \dot{x} \\ \theta \\ \dot{\theta} \\ \delta \\ \dot{\delta}
\end{bmatrix}
+
\begin{bmatrix}
0 & 0 \\
b_{21} & b_{22} \\
0 & 0 \\
b_{41} & b_{42} \\
0 & 0 \\
b_{61} & b_{62}
\end{bmatrix}
\begin{bmatrix}
C_l \\ C_r
\end{bmatrix} \tag{3.48}
$$

令 $X = (2J_PR^2 + 2L^2MR)m + J_PMR^2 + 2J_PJ_\omega + 2L^2MJ_\omega$，则式（3.48）中的相关参数可表示为：

$$a_{23} = -\frac{1}{X}R^2M^2L^2g$$

$$a_{43} = \frac{1}{X}(MR^2 + 2mR^2 + 2J_\omega)MgL$$

$$b_{21} = \frac{1}{X}R(J_P + MRL + L^2M)$$

$$b_{22} = \frac{1}{X}R(J_P + MRL + L^2M)$$

$$b_{41} = -\frac{1}{X}(MR^2 + MRL + 2mR^2 + 2J_\omega)$$

$$b_{42} = -\frac{1}{X}(MR^2 + MRL + 2mR^2 + 2J_\omega)$$

$$b_{61} = \frac{RD}{D^2mR^2 + 2J_\delta R^2 + D^2J_\omega}$$

$$b_{62} = \frac{RD}{D^2mR^2 + 2J_\delta R^2 + D^2J_\omega}$$

将参数值代入上式，解出两轮机器人的线性化状态方程如下：

$$
\begin{bmatrix} \dot{x} \\ \ddot{x} \\ \dot{\theta} \\ \ddot{\theta} \\ \dot{\delta} \\ \ddot{\delta} \end{bmatrix} =
\begin{bmatrix}
0 & 1 & 0 & 0 & 0 & 0 \\
0 & 0 & -23.7097 & 0 & 0 & 0 \\
0 & 0 & 0 & 1 & 0 & 0 \\
0 & 0 & 83.7742 & 0 & 0 & 0 \\
0 & 0 & 0 & 0 & 0 & 1 \\
0 & 0 & 0 & 0 & 0 & 0
\end{bmatrix}
\begin{bmatrix} x \\ \dot{x} \\ \theta \\ \dot{\theta} \\ \delta \\ \dot{\delta} \end{bmatrix} +
\begin{bmatrix}
0 & 0 \\
1.8332 & 1.8332 \\
0 & 0 \\
-4.9798 & -4.9798 \\
0 & 0 \\
5.1915 & -5.1915
\end{bmatrix}
\begin{bmatrix} C_l \\ C_r \end{bmatrix}
$$

$$(3.49)$$

3.4　系统解耦

　　两轮机器人因两轮的机械结构决定它是一种绝对不稳定系统，若要使两轮机器人实现姿态平衡，就需对其施加控制。然而，两轮机器人本身就在其运动状态与平衡状态之间存在问题冲突，前后运动及其转向运动引起了两轮机器人姿态的不平衡，而对其姿态平衡或姿态控制的需求又将妨碍两轮机器人的运动。但值得研究的是，在运动状态与平衡状态的问题冲突中，运动状态与平衡状态只是问题的两个方面，可以统一。两轮机器人的姿态平衡研究是运动状态与平衡状态问题的主要方面，只有在保证平衡性的前提下才能实现对速度控制和转向控制的研究，也正是因两轮机器人存在这样的问题关系才导致两轮机器人的控制结构变得奇异复杂。

　　因两轮机器人存在强耦合性，研究之前必须对其进行解耦分析，从式（3.49）看出，

系数矩阵 **A** 是分块对角矩阵,这表明关于平衡与速度控制的 4 个状态变量与关于转向控制的 2 个状态变量无关,又由线性化模型状态方程可知,此系统为双输入系统。为了更好地分析系统,把上面的系统解耦成两个单独的单输入和单输出的系统,所以:

$$
\begin{bmatrix} C_l \\ C_r \end{bmatrix} = \begin{bmatrix} 0.5 & 0.5 \\ 0.5 & -0.5 \end{bmatrix} \begin{bmatrix} C_\theta \\ C_\delta \end{bmatrix} \tag{3.50}
$$

联立式(3.49)和式(3.50),得:

$$
\begin{bmatrix} \dot{x} \\ \ddot{x} \\ \dot{\theta} \\ \ddot{\theta} \\ \dot{\delta} \\ \ddot{\delta} \end{bmatrix} = \begin{bmatrix} 0 & 1 & 0 & 0 & 0 & 0 \\ 0 & 0 & -23.7097 & 0 & 0 & 0 \\ 0 & 0 & 0 & 1 & 0 & 0 \\ 0 & 0 & 83.7742 & 0 & 0 & 0 \\ 0 & 0 & 0 & 0 & 0 & 1 \\ 0 & 0 & 0 & 0 & 0 & 0 \end{bmatrix} \begin{bmatrix} x \\ \dot{x} \\ \theta \\ \dot{\theta} \\ \delta \\ \dot{\delta} \end{bmatrix} + \begin{bmatrix} 0 & 0 \\ 1.8332 & 0 \\ 0 & 0 \\ -4.9798 & 0 \\ 0 & 0 \\ 0 & -5.1915 \end{bmatrix} \begin{bmatrix} C_\theta \\ C_\delta \end{bmatrix}
$$

$$\tag{3.51}$$

分解得出两个独立的子系统,其中:

平衡与速度子系统:

$$
\begin{bmatrix} \dot{x} \\ \ddot{x} \\ \dot{\theta} \\ \ddot{\theta} \end{bmatrix} = \begin{bmatrix} 0 & 1 & 0 & 0 \\ 0 & 0 & -23.7097 & 0 \\ 0 & 0 & 0 & 1 \\ 0 & 0 & 83.7742 & 0 \end{bmatrix} \begin{bmatrix} x \\ \dot{x} \\ \theta \\ \dot{\theta} \end{bmatrix} + \begin{bmatrix} 0 \\ 1.8332 \\ 0 \\ -4.9798 \end{bmatrix} C_\theta \tag{3.52}
$$

转向子系统:

$$
\begin{bmatrix} \dot{\delta} \\ \ddot{\delta} \end{bmatrix} = \begin{bmatrix} 0 & 1 \\ 0 & 0 \end{bmatrix} \begin{bmatrix} \delta \\ \dot{\delta} \end{bmatrix} + \begin{bmatrix} 0 \\ 5.1915 \end{bmatrix} C_\delta \tag{3.53}
$$

经解耦处理后得知,原为两输入的系统解耦得到两个独立单输入的子系统,平衡与速度子系统有 4 个状态变量,转向子系统有 2 个状态变量。相对来说,转弯子系统分析起来比较简单一些,之后重点对平衡子系统进行理论分析研究。该系统是用 C_θ 控制两轮机器人的位移 x 和倾角 θ,C_θ 即是系统相应的输入转矩。同理,式(3.53)这个系统是用 C_δ 控制机器人的转角 δ。假定 $C_l = C_r = C_{lr}$,替换 C_l 和 C_r,得到两自由度的两轮机器人线性空间状态模型:

$$
\begin{bmatrix} \dot{x} \\ \ddot{x} \\ \dot{\theta} \\ \ddot{\theta} \end{bmatrix} = \begin{bmatrix} 0 & 1 & 0 & 0 \\ 0 & 0 & -23.7097 & 0 \\ 0 & 0 & 0 & 1 \\ 0 & 0 & 83.7742 & 0 \end{bmatrix} \begin{bmatrix} x \\ \dot{x} \\ \theta \\ \dot{\theta} \end{bmatrix} + \begin{bmatrix} 0 \\ 3.6663 \\ 0 \\ -9.9595 \end{bmatrix} C_{lr} \tag{3.54}
$$

以位移量和倾角量作为控制输出量,输出方程为:

$$
y = \begin{bmatrix} 1 & 0 & 0 & 0 \\ 0 & 0 & 1 & 0 \end{bmatrix} \begin{bmatrix} x \\ \dot{x} \\ \theta \\ \dot{\theta} \end{bmatrix} \tag{3.55}
$$

3.5　两轮机器人系统定性分析

3.5.1　稳定性分析

对于一个控制系统而言,如若去掉让它偏离自身平衡状态的外界因素后,该系统能够高精度地恢复平衡稳定状态,我们把这种具有特殊自恢复能力的系统定义为稳定系统。

系统的稳定性是衡量一个自动化控制系统中最重要的性能指标。对于一个被控系统而言,首先考虑的就是被控系统的稳定性,然后再去研究如何提高其稳定性能以及如何让一个不稳定的系统变得可控且保持稳定状态。

下面利用李亚普诺夫稳定性判别方法来判断两轮机器人系统的稳定性。对式(3.49)进行分析得:

$$
\begin{bmatrix} \dot{x} \\ \ddot{x} \\ \dot{\theta} \\ \ddot{\theta} \\ \dot{\delta} \\ \ddot{\delta} \end{bmatrix} = \begin{bmatrix} 0 & 1 & 0 & 0 & 0 & 0 \\ 0 & 0 & -23.7097 & 0 & 0 & 0 \\ 0 & 0 & 0 & 1 & 0 & 0 \\ 0 & 0 & 83.7742 & 0 & 0 & 0 \\ 0 & 0 & 0 & 0 & 0 & 1 \\ 0 & 0 & 0 & 0 & 0 & 0 \end{bmatrix} \begin{bmatrix} x \\ \dot{x} \\ \theta \\ \dot{\theta} \\ \delta \\ \dot{\delta} \end{bmatrix}
$$

$$
+ \begin{bmatrix} 0 & 0 \\ 1.8332 & 1.8332 \\ 0 & 0 \\ -4.9798 & -4.9798 \\ 0 & 0 \\ 5.1915 & -5.1915 \end{bmatrix} \begin{bmatrix} C_l \\ C_r \end{bmatrix}
$$

通过 MATLAB 中 eig(A)指令求得其特征值为$[0,0,9.2597,-9.2597,0,0]$,根据李亚普诺夫稳定性法则,当一个系统的特征值严格具有负实部时,则系统即为稳定系统,所以两轮机器人是一个不稳定系统。倘若系统具有能控性,就能运用控制理论设计合理的控制器对其施加控制,使其转换成稳定系统,能够使其在没有外力的情况下保持平衡稳定状态。

3.5.2　能控性分析

根据现代控制理论得知两轮机器人系统的能控性判别矩阵:

$$Q_c = \begin{bmatrix} B & AB & A^2B & \cdots & A^{n-1}B \end{bmatrix}$$

当 $\mathrm{rank}(Q_c) = n$，即矩阵满秩时，系统状态可控；否则，系统不可控。

由两轮自平衡机器人系统状态空间方程(3.49)知，机器人系统的状态矩阵 A 和控制矩阵 B 分别为：

$$A = \begin{bmatrix} 0 & 1 & 0 & 0 & 0 & 0 \\ 0 & 0 & -23.7097 & 0 & 0 & 0 \\ 0 & 0 & 0 & 1 & 0 & 0 \\ 0 & 0 & 83.7742 & 0 & 0 & 0 \\ 0 & 0 & 0 & 0 & 0 & 1 \\ 0 & 0 & 0 & 0 & 0 & 0 \end{bmatrix}, B = \begin{bmatrix} 0 & 0 \\ 1.8332 & 0 \\ 0 & 0 \\ -4.9798 & 0 \\ 0 & 0 \\ 0 & -5.1915 \end{bmatrix}$$

利用 MATLAB 中 $Q_c = \mathrm{ctrb}(A,B)$ 指令得出系统的能控判别矩阵，再利用 rank (Q_c) 指令得出 $\mathrm{rank}(Q_c) = 6$，即系统能控性判别矩阵满秩，因此，机器人系统在零平衡点附近完全可控。

3.5.3 能观性分析

两轮机器人系统的能观性判别矩阵：

$$Q_o = \begin{bmatrix} C \\ CA \\ \vdots \\ CA^{n-1} \end{bmatrix}$$

当 $\mathrm{rank}(Q_c) = n$，即矩阵满秩时，系统为状态能观测的；否则，系统为不可观测的。

同理，得出 $\mathrm{rank}(Q_o) = 6$，即系统能观性判别矩阵满秩，因此，机器人系统在零平衡点附近完全可观测。因此，机器人在零平衡点附近是完全能观测的。

3.6 本章小结

本章首先论述了两轮机器人恢复自平衡的工作机理，对两轮机器人的物理特性进行受力分析，然后，再利用牛顿力学法和拉格朗日法分别建立两轮机器人系统的数学模型，论证得出基于这两种算法建立模型的一致性。其次，对两轮机器人的非线性模型在零平衡点附近进行线性化分析。为解决两轮机器人运动状态与平衡状态之间存在的问题以及两轮机器人本身存在的强耦合性，将两轮机器人模型分解成两个独立的子模型：即平衡子模型与偏转子模型。最后，利用线性控制理论分析判别两轮机器人线性模型的稳定性、能控性以及能观性，为下章设计底层控制器提供理论依据。

第4章 两轮机器人平衡控制器研究

两轮机器人在机械结构上作为一种特殊的智能机器人,在其处于运动状态时,由姿态采集模块实时采集两轮机器人的倾角信息、倾角角速度信息等状态信息,再利用滤波算法对获取的数据进行滤波融合,将反馈信息反馈给控制单元处理反馈,随后控制器输出电动机的转矩大小,驱动两轮机器人的左右电动机运动,最终通过控制左右轮的转速差实现两轮机器人自动恢复并保持直立平衡状态。如何完成对两轮机器人的直立平衡研究,是研究两轮机器人运动控制首要面对的难题;因第二章已经论述验证过,两轮机器人因两轮机械结构,具有绝对不稳定性但整个系统模型能控,倘若不对其施加控制,机器人本身就无法保持直立平衡,更别说前进、后退以及转弯等复杂运动状态。因此,必须设计合理的控制器,一方面,控制器通过滤波算法对采集到的倾斜角以及倾斜角速度等信息滤除干扰;另一方面,控制器根据反馈信息发出指令控制输出电动机的转矩大小,以实时纠正两轮机器人的姿态,保证两轮机器人能在无外力情况下快速恢复并保持直立平衡状态。

本章主要研究两轮机器人的姿态直立平衡问题,所以利用极点配置理论以及 LQR 最优控制理论对分解后的两轮机器人平衡子模型进行研究分析,并设计了相应的状态反馈控制器,通过 MATLAB/SIMULINK 平台对控制器进行反复实验,根据实验结果验证控制器的控制性能以及有效性,能否使两轮机器人在无外力状态下快速恢复直立平衡状态。两轮机器人整个控制系统原理如图 4.1 所示。

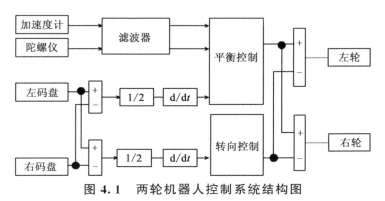

图 4.1 两轮机器人控制系统结构图

4.1 基于极点配置状态的反馈控制器研究

绝大多数被控系统的结构基本都是基于被控对象和反馈环节构成,其中反馈的类型主要包括状态反馈和输出反馈两类。而在现代控制领域内一般都采用状态反馈策略,在经典控制领域内一般采用输出反馈策略,因为状态反馈策略往往能提供更多的状态信息。所说的状态反馈策略,就是利用反馈系数乘以被控对象的状态信息,随即再与理想输入参考叠加送到输入端进行和运算,将运算后的控制量作为被控对象的控制输入,得出的状态反馈为 $u = -Kx$。因此,只要被控系统是能控的,就可运用这种策略进行研究设计。

在一个闭环的控制系统中,倘若系统理想值与实际输出值存在偏差,为减小甚至剔除该偏差并使系统最终达到稳定状态,基于该思想设计的控制器即为反馈控制器。

利用 MATLAB 对平衡与速度子模型作能控性研究,计算得出该模型的能控矩阵秩为 $\text{rank}(\boldsymbol{Q}_c) = 4$,即表明该模型是能控制的。而当研究涉及现代控制理论时,若控制系统处于能够控制状态,就可运用状态反馈策略随意设置理想的闭环极点。下面就是利用极点配置原理设计反馈控制器,再对该控制器进行仿真分析,但极点位置的选取也需遵循一定的规范。

(1)根据系统稳定性的分析得知,只有当所有的闭环极点的位置都在复频域的左半平面,也就是说系统特征方程的特征根都严格有负实部,而且离虚轴的距离越远,系统的响应速度就越快。

(2)所有的闭环非主导极点都应尽量离闭环主导极点远些,但也不可距离过远,否则达到极限值会使极点增益过大引起控制器饱和问题,有可能会使系统接近非线性区,因此在选取理想闭环极点时通常以 4~6 倍作为二者距离的倍数。

(3)在闭环极点的选取过程中,当被控系统存在重复特征值时,对参数的变化比较敏感,需要考虑避开极点的重复性问题。

前面已分析得出两轮机器人模型的不稳定性能够通过设计控制器来保证其稳定性,因此,就能利用极点配置的策略来设计两轮机器人的状态反馈控制器。在进行设计工作之前,需要先确定预期的性能指标量,即超调量 $\sigma_P \leqslant 25\%$,调节时间 $t_s \leqslant 3.5\text{s}(\Delta = \pm 5\%)$。

$$\sigma_P = \text{e}^{-\frac{\xi}{\sqrt{1-\xi^2}}\pi} \leqslant 25\%$$

$$t_s = \frac{3}{\xi\omega_n} \leqslant 3.5\text{s}$$

联立上式求解得 $\xi = 0.4037, \omega_n = 2.123$,取近似值为 $\xi = 0.5, \omega_n = 0.3$,随即求得两个期望的闭环极点为 $s_{1,2} = -1.5 \pm 3\sqrt{3}/2i$,再根据极点配置规则中非主导极点距虚轴的距离应是主导极点距离虚轴距离的 4~6 倍,综合考量,最后选取的两个非主导极点

为 $s_3 = -7, s_4 = -9$。

对于一个线性定常系统 $\sum$，设状态方程为 $\dot{x} = Ax + Bu$，再利用状态反馈 $u = -Kx$，即得到新的状态方程为 $\dot{x} = (A - BK)x$，引入后得到新的状态反馈原理，如图 4.2 所示。

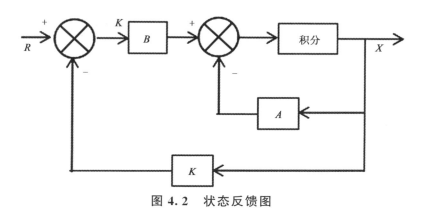

图 4.2　状态反馈图

已知期望闭环极点 $P = [-1.5 - 2.6i \quad -1.5 + 2.6i \quad -7 \quad -9]$，利用 MATLAB 中 $K = \text{lqr}(A, B, Q, R)$ 函数，求得增益反馈矩阵 $\boldsymbol{K} = [-8.5653 \quad -4.9457 \quad -24.2168 \quad -3.7785]$。图 4.3 表示的是基于极点配置的仿真原理图，图中系统即两轮机器人两自由度的非线性数学模型。

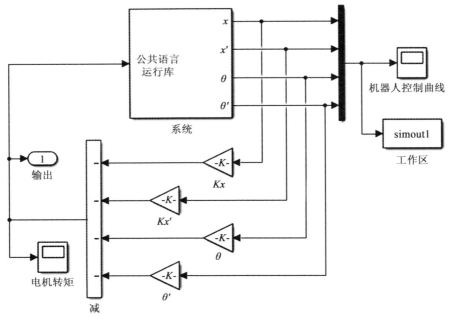

图 4.3   极点配置状态现行仿真原理图

4.2   LQR 最优控制器设计

4.2.1   最优控制理论

对于线性系统的控制器的设计问题,如果其性能指标是系统状态变量和控制变量的二次型函数的积分形式,那么这种动态系统的最优化问题就被称为线性二次型的最优控制问题。线性二次型问题的最优解可以写成统一的解析表达式以及实现求解过程的规范化,并能简单地采用状态线性反馈控制律构成闭环最优控制系统,能够兼顾多项性能指标,因此得到特别的重视,为现代控制理论中比较成熟完善的一部分。LQR 最优控制器的设计问题关键在于如何求得能使性能指标函数 J 取得最优值的反馈控制率 K,而控制率 K 由权矩阵 Q 与 R 唯一决定。

对于一个控制系统而言,当能建立研究对象的空间模型时,如果存在一个输入控制量,可使研究对象实现期望的目标,并且能使研究对象的某一性能指标取得最优值,称这样的问题为最优控制问题。最优控制算法的研究就是在实现最优控制的过程中使被控系统的性能达到最优。

　　基于最优控制策略设计的状态反馈控制器，即 LQR 最优控制器，丰富了最优控制理论，易于构成闭环的反馈系统，并具有良好的动态属性以及鲁棒特性，已应用于大多数实际工程问题。LQR 理论是现代控制理论中发展最为成熟的理论之一，设计一个 LQR 最优控制器其实就是寻求一个最优控制量 $u^*(t)$，能使系统保持稳定并保证性能指标 J 取最优值。

　　设系统的状态方程为：

$$\begin{cases} \dot{x}(t) = \boldsymbol{A}x(t) + \boldsymbol{B}u(t) \\ y(t) = \boldsymbol{C}x(t) + \boldsymbol{D}u(t) \end{cases} \tag{4.1}$$

式中，$x(t)$ 为 n 维的状态向量；$u(t)$ 为 r 维的控制向量；$\boldsymbol{A}$ 为 $n \times n$ 的常量矩阵；$\boldsymbol{B}$ 为 $n \times r$ 的常量矩阵；并假定控制向量 $u(t)$ 不受任何约束。

　　设定被控系统的性能指标函数形式为：

$$J = \frac{1}{2} \int_0^\infty [(x^\mathrm{T}(t)\boldsymbol{Q}x(t) + u^\mathrm{T}(t)\boldsymbol{R}u(t)]\mathrm{d}t \tag{4.2}$$

式中，x 为 n 维状态变量；u 为 r 维输入变量；y 为 m 维输出变量；加权矩阵 $\boldsymbol{Q}$ 和 $\boldsymbol{R}$ 是用来平衡状态向量和输入向量的权重；$\boldsymbol{Q}$ 为 $n \times n$ 半正定的对称常数矩阵；$\boldsymbol{R}$ 为 $n \times r$ 型正定实对称矩阵。

　　最优控制的最终目的就是要寻求一个最优控制的输入 $u(t)$，当系统受到外界干扰而偏离零状态时，如若存在一个控制量 $u(t)$，能使系统随着时间慢慢恢复到初始状态，此时性能指标函数式（4.2）也取得最优值。由此可得出线性控制规律为：

$$u(t) = -\boldsymbol{K}x(t) \tag{4.3}$$

　　对于一般的控制系统来说，早已证实了在设计最优控制器方面，运用李雅普诺夫第二法作为理论策略基础设计出的控制器，完全能够保证被控系统的稳定性。将式（4.3）代入式（4.1）中可以推导出：

$$\dot{x} = \boldsymbol{A}x - \boldsymbol{B}\boldsymbol{K}x = (\boldsymbol{A} - \boldsymbol{B}\boldsymbol{K})x \tag{4.4}$$

其中，用以解决最优设计问题的矩阵 $\boldsymbol{A} - \boldsymbol{B}\boldsymbol{K}$ 在各类推导过程中均被设想为是稳定的，即矩阵 $\boldsymbol{A} - \boldsymbol{B}\boldsymbol{K}$ 的特征值都严格位于 S 域的左半平面，随即再将式（4.3）代入式（4.2）中得到：

$$J = \int_0^\infty (x^\mathrm{T}\boldsymbol{Q}x + x^\mathrm{T}\boldsymbol{K}^\mathrm{T}\boldsymbol{R}\boldsymbol{K}x)\mathrm{d}t = \int_0^\infty [x^\mathrm{T}(\boldsymbol{Q} + \boldsymbol{K}^\mathrm{T}\boldsymbol{R}\boldsymbol{K})x]\mathrm{d}t \tag{4.5}$$

而且，对任意的 x 都能使式（4.6）成立。

$$x^\mathrm{T}(\boldsymbol{Q} + \boldsymbol{K}^\mathrm{T}\boldsymbol{R}\boldsymbol{K})x = -\frac{\mathrm{d}}{\mathrm{d}t}(x^\mathrm{T}\boldsymbol{P}x) \tag{4.6}$$

式中，矩阵 $\boldsymbol{P}$ 为实正定对称矩阵，由此推得下式：

$$x^\mathrm{T}(\boldsymbol{Q} + \boldsymbol{K}^\mathrm{T}\boldsymbol{R}\boldsymbol{K})x = -\dot{x}^\mathrm{T}\boldsymbol{P}x - x^\mathrm{T}\boldsymbol{P}\dot{x} = -\dot{x}^\mathrm{T}[(\boldsymbol{A} - \boldsymbol{B}\boldsymbol{K})^\mathrm{T}\boldsymbol{P} + \boldsymbol{P}(\boldsymbol{A} - \boldsymbol{B}\boldsymbol{K})]x \tag{4.7}$$

　　同理，根据李雅普诺夫的第二法可知，对于正定矩阵 $\boldsymbol{Q} + \boldsymbol{K}^\mathrm{T}\boldsymbol{R}\boldsymbol{K}$，若矩阵 $\boldsymbol{A} - \boldsymbol{B}\boldsymbol{K}$ 的特征值都严格位于 S 域的左半平面，那么，必定会存在一个正定的矩阵 $\boldsymbol{P}$ 使式（4.8）成立。

$$(\boldsymbol{A} - \boldsymbol{B}\boldsymbol{K})^\mathrm{T}\boldsymbol{P} + \boldsymbol{P}(\boldsymbol{A} - \boldsymbol{B}\boldsymbol{K}) = -(\boldsymbol{Q} + \boldsymbol{K}^\mathrm{T}\boldsymbol{R}\boldsymbol{K}) \tag{4.8}$$

则由此可以求得性能指标函数 J：

$$J = \int_0^\infty x^{\mathrm{T}}(Q + K^{\mathrm{T}}RK)x \, \mathrm{d}t = -x^{\mathrm{T}}Px \mid_0^\infty = -\dot{x}^{\mathrm{T}}(\infty)Px(\infty) + x(0)^{\mathrm{T}}P\dot{x}(0)$$

$$(4.9)$$

基于前面的设想分析，若矩阵 $A - BK$ 的所有特征值均具有负的实部，就会存在 $x(\infty) \to 0$，于是可得：

$$J = x^{\mathrm{T}}(0)Px(0) \tag{4.10}$$

即指标函数 J 是由初始条件 $x(0)$ 和矩阵 P 共同得到的。由于权矩阵 R 也要求为实正定对称的矩阵，因此矩阵 R 就可改写为 $R = T^{\mathrm{T}}T$，其中，矩阵 T 为一个非奇异的矩阵，然后再代入式(4.8)得：

$$(A - BK)^{\mathrm{T}}P + P(A - BK) + Q + K^{\mathrm{T}}T^{\mathrm{T}}TK = 0 \tag{4.11}$$

式(4.11)经整理写成：

$$A^{\mathrm{T}}P + PA + [TK - (T^{\mathrm{T}})^{-1}B^{\mathrm{T}}]^{\mathrm{T}}[TK - (T^{\mathrm{T}})^{-1}B^{\mathrm{T}}] - PBR^{-1}B^{\mathrm{T}}P + Q = 0 \tag{4.12}$$

经分析，式(4.12)是实正的，也就是说它最小只能为零，于是便能求出使指标函数 J 取得极小值时最优反馈控制率 K 为：

$$K = T^{-1}(T^{\mathrm{T}})^{-1}B^{\mathrm{T}}P = R^{-1}B^{\mathrm{T}}P \tag{4.13}$$

从而推出系统的最优控制 $u(t)$ 为：

$$u(t) = -Kx(t) = -R^{-1}B^{\mathrm{T}}Px(t) \tag{4.14}$$

其中，式(4.13)中的矩阵 P 务必要满足 Riccati 方程：

$$A^{\mathrm{T}}P + PA - PBR^{-1}B^{\mathrm{T}}P + Q = 0 \tag{4.15}$$

基于本节对最优控制理论的研究能够简单推出设计一个能控系统的 LQR 最优控制器的具体步骤如下：先求解 Riccati 方程式(4.15)，其次求得矩阵 P。如果矩阵 P 是正定的，就能得出系统也是稳定的，再将矩阵 P 代入式(4.13)中，即可求解得出最优的反馈控制率 K。

鉴于以上的理论研究，只有在能控系统是完全能观测且其反馈控制率 K 又能求得的情况下，运用该理论设计 LQR 最优控制器，而 LQR 最优控制器设计的基本操作为：

(1)求解 Riccatti 方程中的矩阵 P。

(2)根据式(4.14)求解反馈矩阵 K。

(3)通过 $u(t) = -Kx(t)$ 求得最优控制率。

4.2.2　最优控制加权矩阵的选取

虽然 LQR 控制的理论已有了比较成熟完善的理论框架基础，但若要应用于实际工程中仍然需要对许多问题进行综合考量，如：在系统的性能指标中，权矩阵 Q 和 R 的选取就是其中一个最关键的问题。关于两轮机器人无论对模型和控制方法的研究都是来自于倒立摆系统，因此权矩阵 Q 在研究中就能设定成对角矩阵。由于两轮机器人系统为单输入系统，所以权矩阵 $R = 1$。设计一个 LQR 最优控制器的优劣在于权矩阵 Q 和 R 的选取，而从前面的章节中对 LQR 的分析来看，半正定的矩阵 Q 和正定的

矩阵 R 都可以人为选取对角矩阵，表述为 $Q=\mathrm{diag}(q_1,q_2,q_3,q_4)$，性能指标函数即可表示为：

$$J = \int_0^\infty (q_1 x_1^2 + q_2 x_2^2 + q_3 x_3^2 + q_4 x_4^2 + \boldsymbol{R}u^2)\mathrm{d}t \qquad (4.16)$$

其中，权矩阵 Q 和 R 在线性二次型调节器中用来平衡输入量与状态量的权重，会在很大程度上影响闭环系统的动态性能，且权矩阵 Q 值大小还与系统的抗干扰性存在正相关性，权矩阵 Q 和 R 的选取相互制约、相互影响，系统控制输入 u 的平方加权可用矩阵 R 描述，矩阵 R 值大小对应能控系统的控制费用的增减浮动。即矩阵 R 值较小时，对应的能控系统的控制能耗少，能控系统的动态矩阵 R 的响应速度也会相应提升。即权矩阵 Q 值在取值范围内取值越大，系统的抗干扰性能就越强，则系统的调整时间就越短，但是，也不可取值过大，达到极限值时，也会因过大输入控制量使系统产生振荡现象。

一般矩阵 Q、R 的选取原则为：

（1）矩阵 Q 和 R 都应是对称矩阵，Q 为半正定矩阵，R 为正定矩阵。

（2）通常选取 Q 和 R 为对角矩阵。

（3）当输入只有一个时，R 即为一个标量（一般直接取 $R=1$）。

（4）Q 的选取不唯一。

本书通过经验试凑得出表 4.1 所示的几组 Q 值和增益 K 数据。利用 MATALB 中 $K=\mathrm{lqr}(A,B,Q,R)$ 函数求取反馈控制率 K，随机选取表中一组反馈控制率 $K=[-26.4575 \quad -22.4254 \quad -74.8207 \quad -14.9204]$ 为仿真数据，图 4.4 为 LQR 最优控制仿真原理图。

表 4.1　权矩阵 Q、R 值和增益矩阵 K 值

权矩阵 Q 值和 R 值	增益矩阵 K 值
$Q=[300\ 0\ 0\ 0;0\ 10\ 0\ 0;0\ 0\ 500\ 0;0\ 0\ 0\ 20];R=1$	$-17.3205 \quad -15.9364$ $-58.6217 \quad -11.5098$
$Q=[600\ 0\ 0\ 0;0\ 10\ 0\ 0;0\ 0\ 800\ 0;0\ 0\ 0\ 20];R=1$	$-124.4949 \quad -20.6704$ $-69.1347 \quad -13.3909$
$Q=[700\ 0\ 0\ 0;0\ 10\ 0\ 0;0\ 0\ 900\ 0;0\ 0\ 0\ 30];R=1$	$-26.4575 \quad -22.4254$ $-74.8207 \quad -14.9204$

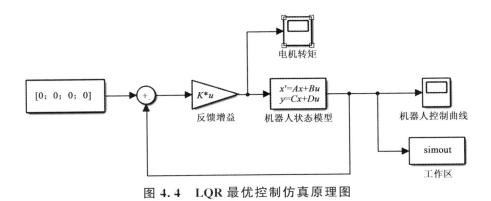

图 4.4 LQR 最优控制仿真原理图

从上一节中对线性最优控制理论的分析以及权矩阵 Q 和 R 的取值研究来看，为考量到对 LQR 最优控制器中的权矩阵进行优化选择时的高效性和适用性，可以利用粒子群优化算法对权矩阵 Q 和 R 进行全局寻优。随着计算机技术的快速发展，对 Riccati 方程求解得出控制器的参数的方法已变得越来越简单，但在设计 LQR 最优控制器过程中，关于选取最优的权矩阵 Q 和 R 是研究人员必须面对的，也是设计工作的关键，这也是第 6 章的研究工作，利用粒子群优化算法对 LQR 最优控制器的权矩阵 Q 和 R 参数进行全局寻优，搜寻到最优的权矩阵 Q 和 R 值，从而求得在最优权矩阵情况下的增益反馈矩阵 K 值，这里不详细阐述，第 6 章将详细研究粒子群算法以及如何利用粒子群算法对权矩阵全局寻优。

4.3 本章小结

本章主要基于建立的两轮机器人的平衡子模型，利用极点配置理论以及 LQR 最优控制理论进行较详细的阐述和分析，并设计了状态反馈控制器，为下一章直立平衡控制器的仿真分析奠定基础。

第 5 章　控制器仿真实验与结果分析

MATLAB 软件诞生于 20 世纪 80 年代，是由美国的 Math Works 公司研发的一款带有编程和仿真功能的工程计算软件。相比于其他同类软件，MATLAB 的功能十分强大，它不但可以进行复杂的工程计算，还可以进行控制和信号处理方面的工作，另外在编程上，MATLAB 应用的是高级语言，简单易懂。正因如此，MATLAB 很快就遍布世界各地，成为专家和学者们最常用的软件之一。尤其在控制领域，使用 MATLAB 对控制系统进行数据计算和仿真可以大大节约研发时间，提高工作效率。在 MATLAB 的所有功能中，SIMULINK 是其中最为重要的一个，它是一种在框图环境下操作的仿真工具，它的强大之处在于建模范围广泛，任何系统只要能够以数学描述出来的，它都能建立出对应的模型。在仿真中，它适用于各种动态环境，并且能对仿真过程中出现的问题进行实时修改，或是根据仿真结果重新制定系统参数，最终将系统调试为最佳效果。另外，SIMULINK 还有一个重要用途是它可以模拟线性和非线性、连续和离散或者两者的混合系统，简化了建模与仿真过程中关联矩阵以及输入的计算，给系统设计和校正留有足够的时间。正是由于以上种种优点，SIMULINK 也逐渐被广泛地应用在动态系统建模与仿真领域中。

5.1　基于极点配置的反馈控制器仿真实验

5.1.1　倾角控制仿真分析

给定两轮机器人初始角度值 $\theta = 0.2618\text{rad}$ 作为外力干扰，即起始状态为 $\boldsymbol{x}_0 = [0\ \ 0\ \ 0.2618\ \ 0]^\mathrm{T}$，仿真结果如图 5.1 所示。

5.1.2　位移控制仿真分析

给定两轮机器人的起始位移量 $x = 0.1\text{m}$，即起始状态为 $\boldsymbol{x}_0 = [0.1\ \ \ 0\ \ \ 0\ \ \ 0]^\mathrm{T}$，仿真结果如图 5.2 所示。

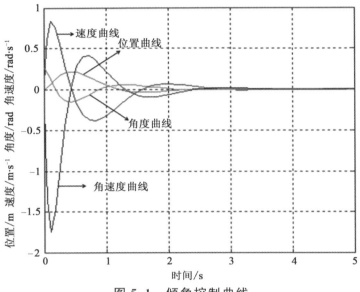

图 5.1　倾角控制曲线

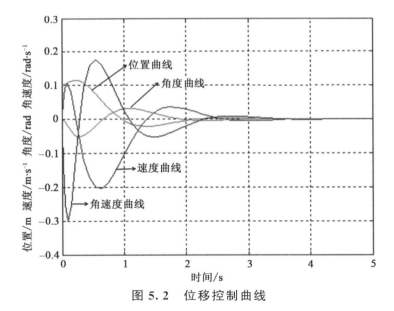

图 5.2　位移控制曲线

　　根据图 5.1 得出,在给定两轮机器人初始倾角干扰后,两轮机器人因初始倾角量会向前运动一段距离,随着倾角不断减小到零点时,机器人的位移先增加再减小,此时,机器人再向后运动一段距离,经 4s 左右反复运动调节后,两轮机器人能恢复到直立平衡状态。

　　根据图 5.2 得出,在给定两轮机器人的初始位移干扰后,两轮机器人因倾角会向前运动一段距离,随着倾角不断减小到零点时,机器人的位移先增加再减小;随后倾角再逐渐增加,机器人需继续向前运动一段距离,前后运动调节 4s 左右,机器人能恢复到平衡稳定状态。

　　基于上述仿真实验结果,得出两轮机器人平衡控制的 4 个变量的变化曲线。机器人的位移量或者倾角的变化是从人为设定干扰值慢慢变化的,经过多次反复调节,4 条状态变化曲线都能收敛到零平衡状态。除位移量和倾斜角度外的三条状态变化曲线是从零慢慢发生变化,经过 4s 左右的反复调节后,4 条曲线都收敛到零平衡状态。因此,基于极点配置理论设计的控制器能使两轮机器人姿态实现自平衡要求,这也验证了控制器能够达到预期设计的控制要求。

　　经分析得出,基于极点配置理论设计的反馈控制器能够使得两轮机器人在较短时间内自动恢复直立平衡状态,该反馈控制器能起到良好的控制效果,完成两轮机器人的姿态直立平衡的控制任务。但不足在于,在整个调节过程中超调量较大,调节时间较长。为此,需设计更好的控制器使得两轮机器人恢复平衡状态的调节时间缩短,车身更加平稳。

5.2　LQR 最优控制仿真

5.2.1　倾角控制仿真分析

　　给定两轮机器人起始倾角 $\theta = 0.2618\mathrm{rad}$ 作为外力干扰,即起始状态为 $\boldsymbol{x}_0 = \begin{bmatrix} 0 & 0 & 0.2618 & 0 \end{bmatrix}^{\mathrm{T}}$,仿真结果如图 5.3 所示。

5.2.2　位移控制仿真分析

　　给定两轮机器人起始位移量 $x = 0.2\mathrm{m}$,即起始状态为 $\boldsymbol{x}_0 = \begin{bmatrix} 0.2 & 0 & 0 & 0 \end{bmatrix}^{\mathrm{T}}$,仿真结果如图 5.4 所示。

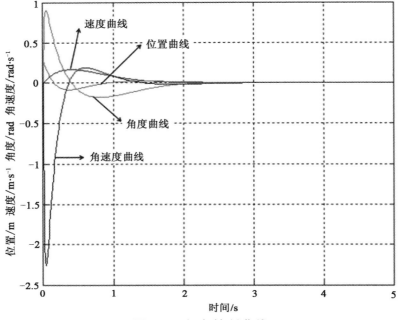

图 5.3　倾角控制曲线

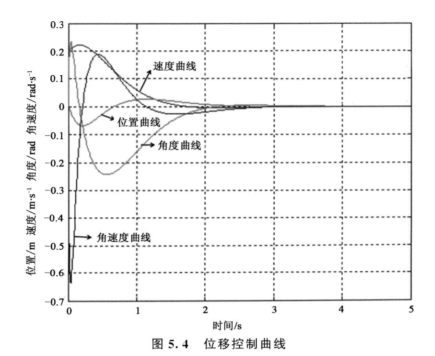

图 5.4 位移控制曲线

根据图 5.3 得出两轮机器人的 4 个状态变量的变化情况。给定两轮机器人的起始倾角,用干扰量进行实验分析,然后观察两轮机器人的状态曲线能否收敛到零平衡点附近;经仿真结果验证得出,两轮机器人经 3s 左右反复运动调节,4 条状态曲线都能收敛,即表明两轮机器人能恢复姿态直立平衡。

根据图 5.4 得出两轮机器人的 4 个状态变量的变化情况。给定两轮机器人的起始位移量,用干扰量进行实验分析,然后观察两轮机器人的状态曲线能否收敛到零平衡点附近。经仿真结果验证得出,两轮机器人经 3s 左右反复运动调节,4 条状态曲线都能收敛,即表明两轮机器人能恢复姿态直立平衡。

对比 5.1 节的仿真结果可以得知,基于最优控制理论的 LQR 最优控制器能够快速使两轮机器人在无外力情况下实现姿态直立平稳,而且控制器对两轮机器人的平衡控制效果显著,还比基于极点配置理论的控制器的调节时间更短,但两轮机器人的倾斜角速度以及车身速度的超调量过大,可能会有抖动现象,而且 LQR 控制器也存在设计问题。

经过多次对两轮机器人平衡子模型进行仿真验证,分析可以得出以下结论:当给定两轮机器人的起始倾斜角度不属于 $\theta \in [-0.8 \quad 0.8]$ 这个范围内时,两轮机器人平衡子模型的 4 条状态曲线就无法收敛到零平衡点附近,也就表明两轮机器人无法自主恢复姿态直立平衡，换句话说就是控制器失控了，因此找出这个临界值是关键性的。所以两轮机器人的起始倾斜角度必须设定在 $\theta \in [-0.8 \quad 0.8]$ 这一范围内，即给定的起始状态在 $[x \quad \dot{x} \quad \theta \quad \dot{\theta}] = [0 \quad 0 \quad 0.8 \quad 0]$ 之内时，所设计的控制器才能实现两轮机器人的直立平衡控制要求，也就表明两轮机器人在 $\theta \in [-0.8 \quad 0.8]$ 范围内是能够被控制的。因此在控制器的设计环节必须考量能够适应控制系统的控制要求，既符合控制逻辑，也是控制器设计成功与否的关键，还是控制性能优劣的出发点。

5.3　本章小结

本章节利用 MATLAB/SIMULINK 平台对第 4 章设计的控制器进行仿真实验分析，根据仿真结果分析得出，运用这两种控制理论设计的反馈控制器都能使两轮机器人在短时间内快速恢复到姿态直立平衡，优点各异，其中基于极点配置法的反馈控制器能使两轮机器人的振动幅度很小，而 LQR 最优控制器的优点在于，该控制策略能使机器人恢复到直立平衡稳定状态的调节时间更短，不足之处就是超调量大于二者，会使得机器人的振动幅度稍大，但影响不大。

第 6 章　LQR 控制器加权矩阵优化

　　线性二次型最优控制也称为 LQR 最优控制。在现代控制领域内,最优控制理论早已形成一套系统,并且该理论广泛地被研究人员应用到实际应用工程问题中,效果显著。在 LQR 最优控制器研究设计过程中,最关键的问题就是如何获取到最优的 LQR 控制器的加权矩阵 Q 和 R 的值。加权矩阵 Q 和 R 值的选取也决定控制率 K 的值,而 K 的取值又与系统闭环极点位置以及时域响应性能指标相关联,所以能否获取最优的加权矩阵 Q 和 R 的值往往是设计 LQR 最优控制器的关键环节。而在经典的控制算法中,加权矩阵 Q 和 R 值的选取是没有任何规律可寻的,通常都是研究人员根据经验试凑法得出两个加权矩阵的值,即通过被控系统的响应曲线或根据实验计算结果来估算选取,所以,这种经验试凑法其局限性往往是只能得到局部的最优解。针对 LQR 控制器的加权矩阵 Q 和 R,因人为选取因素不可避免地会影响到加权矩阵 Q 和 R 选择的不精确性,由此导致系统的不确定性以及引发响应速度快慢等问题。本章节采取了两种策略对 LQR 控制器的加权矩阵 Q 和 R 的参数进行优化分析,对 LQR 控制器的加权矩阵 Q 和 R 的值全局寻优,进而确定状态反馈控制率 K。

6.1　基于加权矩阵的改进设计

　　将两轮机器人作为控制对象的目的是通过控制算法设计控制器来保证其动态稳定性,因此,利用最优稳定度方法对 LQR 控制器的加权矩阵参数寻优分析。在这种改进的方法中是希望使所有的闭环极点均位于 s 平面中 $s=-\alpha$ 线的左侧,其中 $\alpha>0$,因此,需要重新定义一个性能指标函数,其中,R 是 $r\times r$ 型正定实对称矩阵,Q 是 $n\times n$ 型半正定对称常数矩阵:

$$J = \int_0^\infty e^{2at}(x^\mathrm{T}Qx + u^\mathrm{T}Ru)\mathrm{d}t \tag{6.1}$$

　　再重新定义一个状态变量 $\zeta(t)$,令 $\zeta(t)=e^{at}x(t)$,变更新的控制量为 $v(t)=e^{at}u(t)$,在以上变化下将原系统的状态方程变更为 $\dot\zeta=(A+\alpha I)\zeta+Bv$,此时式(6.1)更改为:

$$J = \int_0^\infty [\zeta^\mathrm{T}(t)Q\zeta(t) + v^\mathrm{T}(t)Rv(t)]\mathrm{d}t \tag{6.2}$$

得出改进后的 Riccati 代数方程为:

$$(A+\alpha I)^\mathrm{T}P + P(A+\alpha I) + Q - PBB^\mathrm{T}P = 0 \tag{6.3}$$

　　最终得出新的最优控制方法为 $u^*(t)=-B^\mathrm{T}Px(t)$,通过上述的分析和设计可减少系统动态响应时间,能进一步提高系统的稳定性,达到优化的效果。

6.2 基于粒子群算法的 LQR 加权矩阵参数寻优

6.2.1 粒子群算法简介

20 世纪末,研究学者 Kennedy 和 Eberhart 首次提出了一种智能群体迭代算法,即粒子群算法(PSO),从问题的随机解出发,通过数次迭代寻求全局最优解。粒子群算法具有许多良好的性能,简单易行,收敛速度快,参数设置较少,迭代时间短。粒子群算法相比于遗传算法,其优点在于:

(1)粒子群算法比遗传算法更具有保存功能,粒子群算法会保留所有粒子好的解,而遗传算法以往的历史信息随着群体的变化而变化。

(2)粒子群算法中的粒子只是根据当前搜寻到的最优粒子作为共享信息,又因粒子群算法只是一种单项的信息共享机制,使得在整个搜寻过程中能追随目前最优解的过程,也比遗传算法中的个体更快趋向于全局最优。

(3)粒子群算法相比遗传算法,原理简单、更易于实现,无需编码、交叉和变异过程,只是数次对粒子的飞行速度进行更新。下文就是利用粒子群优化算法,完成对 LQR 控制器加权矩阵 Q 和 R 参数的寻优,以线性二次型性能指标作为粒子群算法的适应度函数,通过粒子群算法的全局优化搜寻能力对加权矩阵 Q 值进行全局寻优,由此得出反馈控制率 K 值,来实现两轮机器人姿态平衡稳定性的最优控制。

因此,本书主要利用粒子群算法优化能力对加权矩阵 Q 和 R 的值全局寻优。下面将详细阐述粒子群算法的基本机制、标准的粒子群算法形式以及算法的优化过程。

6.2.2 粒子群算法原理分析

粒子群优化算法(PSO)起初是两位学者意外地从观察一部分鸟类搜寻食物过程的表现中得到启示,鸟群在寻找食物的过程中有的时候可能需要单独去寻找,而有的时候又需要集体去寻找。该算法就是来源于鸟类在某个范围内寻找食物的过程,也是对具有这类种群行为的一种推演研究。其主要原理是模拟鸟群捕食会各自往不同的地方寻找食物,并逐渐向最佳的捕食地点靠近。这种现象也符合个体的社会认知行为:个体的社会性实质在于个体会向身边的优越者学习,与其他同类做比较,并且模仿其中的佼佼者。粒子群算法的实质就是按照适应度函数的要求搜限定空间中的最优粒子。每个粒子都有自己的位置、速度以及适应值,其中每个粒子的飞行方向和距离由速度决定,每个粒子适应值由各自的适应度函数决定。每个粒子根据其适应函数和速度更新公式来迭代并跟随当前最优粒子,每次迭代的过程也不是随机的,粒子会向当前周围最好的粒子学习并趋向于该粒子,再以此为依据来迭代寻找下一个更优的解。

　　微粒群算法的基本思想是通过群体中个体之间的协作和信息共享来搜索最优解。与其他的进化迭代算法相同,PSO 也要先初始化种群,也是基于群体智能算法。PSO 算法中个体被抽象为没有质量和体积的粒子,每个粒子都是被求问题的一个可行解,且都存在于解空间内,且每个粒子都可以由适应度函数确定各自的适应值。粒子根据自身经验和适应度函数值来更新飞行速度和位置,一般每个粒子都将追随当前的最优粒子而向其移动,经迭代搜索最后得到最优解。

　　PSO 算法中,每个优化问题的潜在解都是搜索空间中的一只鸟,也称为粒子。每个粒子都有各自的适应度值,且每个粒子的速度决定着飞翔的方向和距离。最后每个粒子追随当前的最优粒子在所有解空间中搜索。利用 PSO 求解最优问题时,假设在一个 D 维(变量数)的目标搜索空间中,有 N 个粒子组成一个群体,其中第 i 个粒子表示为一个 D 维向量,即 $\boldsymbol{X}=[\begin{array}{cccc} x_{i1} & x_{i2} & \cdots & x_{id} \end{array}], i=1,2,\cdots,N$,表示各个粒子的位置,第 i 个粒子的飞行速度也是一个 D 维向量,即 $\boldsymbol{V}=[\begin{array}{cccc} v_{i1} & v_{i2} & \cdots & v_{id} \end{array}], i=1,2,\cdots,N$,表示粒子速度,第 i 个粒子当前搜索到的最优位置即为个体极值,用 pbest 表示,所有粒子群目前为止搜索到的最优位置即为全局极值,用 gbest 表示。在每一次迭代过程中,粒子都要跟随两个极值:一个是粒子本身的个体最优解,另一个是粒子群体的全局最优解,并且也是个体最优解中最优的一个解。当找到这两个最优解时,粒子就按照追随当前最优粒子的搜索规则,通过式(6.4)和式(6.5)来更新自己的速度和位置信息。

$$V_{id}=V_{id}+c_1\times \text{rand1}\times(\text{pbest}_{id}-X_{id})+c_2\times \text{rand2}\times(\text{gbest}_{gd}-X_{gd}) \tag{6.4}$$

$$X_{id}=X_{id}+V_{id} \tag{6.5}$$

式中,X_{id} 为第 i 个粒子的位置;V_{id} 为第 i 个粒子的更新速度;c_1 和 c_2 是粒子学习因子,也叫加速常数,主要用来调节粒子向个体最优解 gbest 以及整个群体的全局最优解 gbest 方向飞行的最大范围;rand1、rand2 是[0,1]之间的一个随机值;pbest_{id} 为第 i 个粒子当前的个体最优;gbest_{id} 为整个粒子群体目前的全局最优。为了使 PSO 算法具有更准确的搜索范围,需将粒子的运动速度限制在 $[-v_{\max} \quad v_{\max}]$ 之间,若 $v_{\max}$ 太大,粒子将越过最优解,太小则容易陷入局部最优。同样假设粒子位置定义为区间 $[-x_{\max} \quad x_{\max}]$。这也是利用粒子群算法优化问题时不可避免的考虑因素。

　　式(6.4)由三个部分构成:第一部分表示延续性,即粒子对当前速度的延续,也是粒子对自身运动状态的一种信任,目的是使粒子搜索能够实现惯性运动;第二部分表示粒子的自我认知,即粒子自身所具有的自我思考行为,使粒子自身发现最优位置并趋向于最优粒子;第三部分表示粒子的社会认知,即表示粒子间的信息共享与相互合作,使粒子向整个种群中的最优位置进行运动更新。这三个部分相互协作、相互制约,构成了粒子群算法的主要性能。

6.2.3　标准粒子群(SPSO)算法

　　SPSO 算法与 PSO 算法的原理是完全一致的,区别在于 SPSO 算法加入了惯性权重系数,目的是为了保证种群粒子的搜索能力和个体开发能力,进一步确保标准粒子群算法在搜索全局最优解的能力上,无论是局部搜索还是全局搜索都能达到可接受范围。

由粒子群算法的基本原理得知,前一时刻的粒子速度直接决定着该算法的全局收敛性,当粒子的前一时刻速度过大时,能够使粒子以最快的速度趋向于全局最优解;但若当粒子无限接近全局最优解时,因粒子速度过快,缺乏有效控制,因此粒子在下一时刻亦有可能越过最优解,从而该算法很难收敛于全局最优解。为提高 PSO 算法的收敛性,在速度更新方程中引入惯性权重 w 因子,修正更新速度方程式(6.4)为:

$$V_{id} = w \times V_{id} + c_1 \times \mathrm{rand1} \times (\mathrm{pbest}_{id} - x_{id}) + c_2 \times \mathrm{rand2} \times (\mathrm{gbest}_{gd} - x_{gd}) \quad (6.6)$$

式中,w 为惯性权重,惯性权重 w 与速度的乘积就是保持粒子实现惯性运动的决定性因素,在控制粒子飞行速度方面效果明显,使算法能在全局寻优与局部寻优间达到有效平衡。

因惯性权重系数具有平衡全局和局部搜索能力的作用,而且权重因子越大,粒子的更新速度越快,粒子将以较大范围进行全局搜索;相反,权重因子越小,粒子的更新速度的范围越小,粒子会趋向于局部的精细搜索。通常在算法的前期赋予 w 较大值,使粒子获得较高的搜索能力,而在算法后期赋予 w 较小值,使粒子具有较高的局部搜索能力,所以可将 w 设定为随着进化代数增加而线性减少的函数。

6.2.4 标准粒子群(SPSO)算法控制参数介绍

由于 SPSO 算法的参数少以及布局简单,因此,该算法的收敛效率较高,这也是 SPSO 算法被广泛运用的原因之一。为了能对 SPSO 算法开展更深入研究,必须先对影响 SPSO 算法性能的因素进行了解,下面简要地对该算法的相关控制参数进行分析。

(1)种群规模。将种群中粒子的个数用种群规模来表示。在粒子群优化算法中,种群的大小将会影响算法的收敛速度,影响 SPSO 算法的计算精度,同时也影响算法的稳定性。如果这个种群的规模比较小,算法就容易进入局部最优这种困境中;如果种群规模较大时,由于搜索范围变大,那么算法的计算时间肯定会大幅度增加。当种群规模的大小达到某一固定值后,继续增加种群规模,算法最终的优化结果不会产生太大的变化。一般情况下,根据实际问题不同的复杂度,可将种群规模设为 10~50。

(2)惯性权重。惯性权重系数是 SPSO 算法中的核心参数之一,其值的大小反映的是此刻粒子速度从前一次速度传承的多少。惯性权重值越大,表明粒子对前一次速度传承的越多,粒子搜寻空间范围越大;相反,惯性权重越小,则表明粒子对前一次速度传承的越少,粒子搜寻空间范围越小。

在选择惯性权重时常用的有两种做法,第一种就是固定权重,在整个算法应用中,惯性权重一般选定为常数;第二种就是所提出的有自适应能力的权重。自适应权重,顾名思义就是其值在算法执行过程中是不断变化的,即在某一设定的变化区间范围内,惯性权重值在算法执行过程中是逐渐减小的。时变权重需要考虑权重值变化的区间以及减小的速率两方面。固定权重在算法执行过程中粒子的探索能力是不变的,而自适应权重则可以使粒子具有实时性,根据算法的计算阶段不同,取得不同的值,达到更好的效果。

(3)学习因子。SPSO 算法中的学习因子 c_1 和 c_2 又称为加速系数,分别表示种群中的粒子向个体自身的经验和向种群中最优个体经验学习的程度,从而推进种群向最优位置收敛。与惯性权重的作用相似,无论是全局还是局部的搜索能力,通过不同学习因子的设定都可以起到调节和平衡的作用。学习因子较小时,能使粒子在指定空间的邻域振荡游动;学习因子大时,可使粒子快速移动到指定空间内,甚至远离指定目标空间。

当 $c_1 = c_2 = 2$ 时,粒子以其当时的速度飞向边界,搜索范围限于指定区域,难以寻得最优解。当 $c_1 = 0$ 且 $c_2 \neq 0$ 时,粒子对于自身历史信息的继承能力为 0,缺少认知的能力,只能依靠向种群中其他个体经验的学习,此时,粒子的收敛趋势比 SPSO 算法要大,但对于复杂问题的最值求解能力会变差,在全局信息的判断能力和计算速度也会变弱。当 $c_2 = 0$ 且 $c_1 \neq 0$ 时,粒子只有对自身历史经验的学习,种群中个体之间没有了互相的学习,粒子相互之间也没有了信息的交流与共享,缺少了社会的协作,此时粒子的整体搜寻能力就会变差,降低了得到最优解的概率。

一般情况下,研究验证得出学习因子 c_1 和 c_2 的最大值应等于 4,即 $c_1 + c_2 = 4$。而如果存在当学习因子大于 4 的情况下,粒子的学习轨迹即会发散,造成无法收敛。因此,在研究时通常对二者的取值为 $c_1 = c_2 = 2$,但没有必要非要这两个学习因子绝对相等,只是前人验证得出取值为 2 时,效果更好,取值大小需因研究对象而异。

(4)最大速度 V_{max}。假设粒子群中粒子最大的搜索速度为 V_{max},这个参数的含义就是描述在每一次的算法迭代过程中,粒子在这个空间中最大的搜索距离。如果 V_{max} 越大时,粒子的搜索能力就越强,但也不是绝对的关系;如果 V_{max} 太大超出界限,粒子的运行就不稳定了,就会出现在搜索的过程中越过较好的解,使得算法无法寻找问题的最优解。如果 V_{max} 越小时,就使得粒子群体中每个粒子的开发能力得到提高,但若 V_{max} 太小,就会限制粒子的行动范围,就会出现陷入局部最优现象,最终的结果也就无法搜索问题的最优解。因此,在粒子群算法中为了保证种群中粒子能够以均匀的速度通过所有的维度,通常会在算法中设 V_{max} 的值为常值。

(5)最小速度 V_{min}。最小速度 V_{min} 与最大速度 V_{max} 相对,对算法存在相同的影响,但区别是影响的方向不同。一般默认都将 V_{min} 的大小与 V_{max} 的大小设为一样,但它们的方向需相反,即设 $V_{min} = -V_{max}$。

(6)停止准则。停止准则就是算法停止运算的边界条件。在算法中可以预定算法的最大迭代次数,或者也可以设定一个精度指标,如果算法达到这两者的任意一个值就可以当作终止的条件了。算法的寻优精度是指在满足确定需求的前提下,算法求得的最优解,减去理论最优解所得的差值的绝对值,即为精度判断的依据。当差值的绝对值稳定在事先设定的精度范围区间时,就说明算法已经求出了要求的值,而且准确度满足要求,在此就可以停止算法的继续运行了;否则,表示算法解值失败,需继续计算。SPSO 算法停止准则的设定必须根据实际中具体的优化问题,在满足寻找最优解的前提下,还应考虑使算法求解最优解的时间最短,粒子搜索的效率更快等方面。

(7)初始化粒子空间。对粒子的搜寻空间进行初始化设置,能有效地缩短算法计算过程中的收敛时间,进而改善算法的运算效率。一般常采用正交法和非对称法等对粒子空间进行初始化。

本节就是利用粒子群算法来获取加权矩阵 Q 和 R 的全局最优解，利用其具有的快速收敛性、不易陷入局部最优以及参数少且易于实现等优点，获取加权矩阵 Q 和 R 的全局最优解，从而获取状态反馈控制率 K，使两轮机器人系统保持稳定。下面利用粒子群算法对加权矩阵 Q 和 R 参数寻优。标准粒子群算法基本流程如图 6.1 所示。

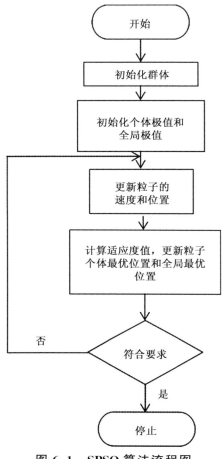

图 6.1　SPSO 算法流程图

6.2.5　加权矩阵 Q 和 R 的选取

本小节主要对如何确定 LQR 控制器中的加权矩阵 Q 和 R 的参数进行说明。状态加权矩阵 Q 中的值代表对应的 x（两轮机器人平衡控制的 4 个状态变量）的平方加权。

假设令 R 值保持不变,多次增大矩阵中对应的 Q 值,其优点是能提高系统对状态的响应速度、灵敏性以及系统的抗干扰能力,而且又能减小超调量,缩短调整时间,提升系统的动态性,但缺点是 Q 值的增大过程中会导致较多的振荡,增大稳态误差。原因在于改善动态性能是需要消耗更多的能量值为代价。控制加权矩阵 R 的值代表对应的 u(系统输入控制变量)的平方加权。假设令 Q 值保持不变,增大矩阵中对应的 R 值,效果会减弱系统的反馈,会降低系统的灵敏度、增大超调量以及延长调整时间,但优点在于这样做使系统的稳态误差减小,消耗的能量值随 R 值增大而减小。

本小节利用粒子群算法所具有的智能式搜索、渐进式优化、快速收敛、不易陷入局部最优以及易于实现等优点,对加权矩阵 Q 和 R 进行全局寻优,从而求得在最优 Q 和 R 值的情况下状态反馈控制率 K,从而设计两轮机器人的 LQR 最优控制器,实现对两轮机器人的最优控制。结合本书研究对象两轮机器人的姿态平衡子系统可知,该系统一共有 4 个状态变量,一个输入变量,所以状态变量加权矩阵 Q 是一个 4×4 的对称半正定矩阵,输入变量加权矩阵 R 是一个常数正定矩阵。主要的被控量为系统的输出量,因此,在选取加权矩阵 Q 和 R 的各元素值时,为使问题简化及使加权矩阵具有明确的物理意义,本书选取加权矩阵 Q 为对角矩阵:

$$Q = \begin{bmatrix} q_1 & 0 & 0 & 0 \\ 0 & q_2 & 0 & 0 \\ 0 & 0 & q_3 & 0 \\ 0 & 0 & 0 & q_4 \end{bmatrix}, R = \begin{bmatrix} r \end{bmatrix}$$

因此性能指标为:

$$J = \int_0^\infty (q_1 x_1^2 + q_2 x_2^2 + q_3 x_4^2 + q_4 x_5^2 + R u^2) \tag{6.7}$$

性能指标函数中的 q_1 代表机器人位置的权重,q_2 代表机器人速度的权重,q_3 代表机器人倾角的权重,q_4 代表机器人倾角速度的权重。在目标函数中,R 值是对控制量 u 的平方加权系数,当 R 相对较大时,意味着输入对应的控制量增加,使得控制能量较小,反馈减弱,而 R 取值较小时,控制费用减小,反馈增加,系统动态响应迅速。

针对两轮机器人平衡子系统有 5 个参数要优化,因此,每个粒子的信息可以用一个 11 维的向量来描述,而且每个粒子都有其适应度函数值和更新速度,其中,前 5 维描述该粒子的位置,第 6 维描述相应粒子的适应度值,最后 5 维描述粒子的更新速度。

利用粒子群算法优化加权矩阵 Q 和 R 的具体步骤为:

(1)初始化种群:首先定义种群大小为 100,初始化种群即产生一个矩阵,前 5 列表示粒子的位置,第 6 列表示粒子的适应度值,后 5 列表示粒子的位置更新速度。

(2)计算每个粒子的适应度值,根据适应度函数 J 求解各粒子的适应度值。

(3)历史最优迭代:将粒子适用度值与它的 pbest(个体最优值)进行比较,最优秀的位置设置为 pbest 的位置;比较粒子适用度值与 gbest(全体最优值),更加优秀的位置被设置成 gbest 位置,记录此时粒子的序号。

(4)更新粒子,根据式(6.4)和式(6.5)来更新每个粒子的速度和位置。

(5)停止条件:确定结果是否符合适用值和最大的迭代次数要求,如果达到了终止条件,输出所需函数;若不满足,整个循环则回归到步骤(2)。

要注意的是,在运行过程中,每一步的操作都必须在保持正确的前提下,程序达到了最大迭代次数或者最佳适应值的增量已符合某个条件的时候,程序停止运行。

6.3 基于粒子群算法的 LQR 控制器仿真

利用 MATLAB 对粒子群算法进行编程,通过多次迭代求解得出全局最优加权矩阵 Q 和 R 的值以及适应度值迭代图(图 6.2):

$$Q = \begin{bmatrix} 233.7078 & 0 & 0 & 0 \\ 0 & 64.2723 & 0 & 0 \\ 0 & 0 & 239.0127 & 0 \\ 0 & 0 & 0 & 57.6784 \end{bmatrix}, R = 1.5$$

运用 MATLAB 的 $K = \mathrm{lqr}(A, B, Q, R)$ 指令随即求得反馈增益矩阵 K: $K = [-26.1949 \quad -30.7231 \quad -110.1969 \quad -33.5278]$,再运行 SIMULINK 模型得出两轮机器人倾角控制曲线图(图 6.3)和位移控制曲线图(图 6.4)。

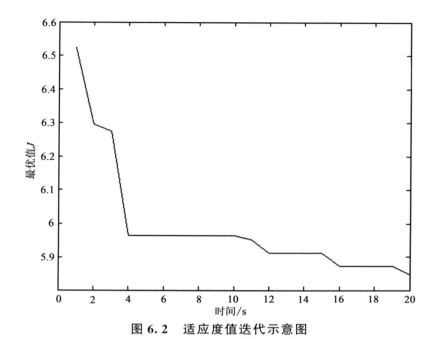

图 6.2　适应度值迭代示意图

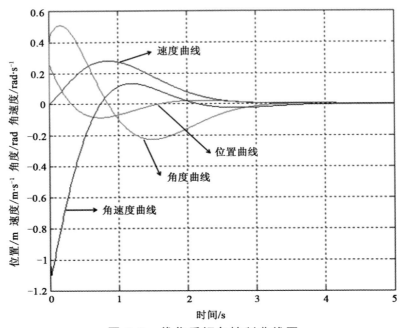

图 6.3 优化后倾角控制曲线图

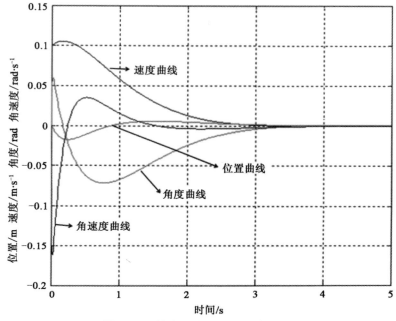

图 6.4　优化后位移控制曲线图

对比图 6.3 和图 6.4 的仿真结果,分析得出基于粒子群算法优化的 LQR 控制器的加权矩阵 **Q** 和 **R** 的值,使得系统的振荡幅度和超调量明显减小,3.5s 的调节时间在可接受范围,因此,利用 PSO 优化算法优化两轮机器人控制器参数具有可行性。

6.4　本章小结

本章首先详细阐述了 PSO 算法的基本原理、标准的粒子群算法以及算法的基本求解流程,利用 PSO 算法对 LQR 控制器中的加权矩阵 **Q** 和 **R** 参数进行全局寻优,从而求得在最优加权矩阵 **Q** 和 **R** 下的状态反馈控制率 **K**,利用控制率 **K** 设计 LQR 最优控制器。最后,通过仿真结果和第 5 章 LQR 最优控制器的控制性能对比分析,得出基于 PSO 算法优化的 LQR 最优控制器对两轮机器人的位移、速度、倾角以及倾角速度的控制性能具有更好的控制效果。

第7章　传感器数据滤波分析

为了实现对两轮机器人运动姿态的平衡控制,在设计两轮机器人的控制器时必须先对其工作环境和任务有充分认识。这就如同人类需要通过自身感官来获取周围信息以及外界环境的变化,而对于两轮机器人这种特殊结构而言,则通过惯性传感器来获取周围信息以及环境的变化。

为了更好地解决两轮机器人的姿态直立平衡问题,在两轮机器人的实际运动状态中需实时获取它的位移量、速度量以及航向角等状态信息。两轮机器人精确的状态信息的获取决定着机器人能否直立平衡运动,因此,姿态信息检测精度的高低对于其姿态平衡控制问题就显得尤为关键。通常采用低成本的加速度计和陀螺仪组合方式构成两轮机器人姿态信息采集部分,但因惯性传感器的测算结果易受到环境因素影响,因此,若想得到更精确的姿态信息,必须运用滤波算法对传感器测得数据进行分析,滤除干扰量。需要获得何种机器人的状态信息就用相应的传感器来获取状态信息,以避免直接对测量结果进行微积分运算而引起较大的误差值。

目前,在机器人姿态信息采集方面主要还是采用低成本策略:即组合陀螺仪和加速度计构成姿态采集部分,将采集的信息反馈给控制单元。又因惯性传感器随长时间工作会造成误差漂移,而引起检测精度不精确,使得控制效果达不到最佳,为此需先对测量数据进行滤波处理,再将滤波后的姿态信息反馈给控制器。卡尔曼滤波作为一种最优估计方法,在处理信息方面有着广泛的应用,非常适合用来滤除噪声干扰的影响,并且可以在时域内进行滤波器的设计,因此在很多领域多采用卡尔曼滤波对采集的数据进行精确处理。

本章首先阐述了数据融合的必要性,并对两轮机器人的姿态进行了简单的分析;其次,详细论述了卡尔曼滤波算法的原理以及滤波运算过程,分析了陀螺仪和加速度计传感器的动、静态性能,并对各自的误差特性建立数学模型。运用卡尔曼滤波理论对陀螺仪和加速度计传感器的输出数据进行融合分析,得出更精确的滤波数据,实现两轮机器人的姿态信息求解过程。下面从理论角度分析该滤波算法的工作原理以及算法运算的过程,并设计两轮机器人的卡尔曼滤波器,再对该卡尔曼滤波器进行仿真分析。

7.1　数据融合的必要性

7.1.1　惯性传感器的优缺点

前面已经论述过,在实现对两轮机器人的平衡控制之前,必须先获取更精确的两轮机器人的姿态信息。目前,在两轮机器人姿态信息采集方面,还是以倾角仪、加速度计和陀螺仪三种惯性传感器为主。表 7.1 比较了三种姿态传感器的性能。

表 7.1　常用姿态传感器的性能比较

	倾角仪	加速度计	陀螺仪
测量变量	角度	加速度	角速度
优点	静态性能好	静态性能好	动态性能好
缺点	动态响应慢,不适合跟踪动态角度运动	动态响应慢,不适合跟踪动态角度运动	存在累积漂移误差,不适合长时间单独工作

综合表 7.1 中传感器的优缺点以及基于对两轮机器人控制经济需求的考量,本书仍采用典型策略:组合加速度计和陀螺仪传感器的方式。

(1)加速度计。测量的是物体线性加速度,常被用来直接测量物体静态的重力加速度,并由此确定倾斜度。需要注意的是,加速度计的输出值与倾角并非线性关系,而是随着倾角增加呈正弦函数变化。所以要对加速度计的输出进行反正弦函数处理才能得到倾角值,但加速度计的问题或不足在于其动态响应慢,不适合跟踪动态角度运动;如果期望快速的响应,又会引入较大的噪声。而且再加上其测量范围的限制因素,使得单独应用加速度计检测两轮机器人倾角时显得捉襟见肘,需要与其他传感器共同使用。

(2)陀螺仪。在两轮机器人运动过程中除了需要得到实时的倾斜角量,还需得到角速度量。两轮机器人的角速度量可以通过对加速度计的输出倾斜角求导得出,但以这种求导方式得出的结果远远达不到预期的精度。相比之下可看出,陀螺仪具有动态性能好的优点,但陀螺仪因温度的变化和摩擦力因素等,使得其在测量过程中会随时间产生漂移误差,因此也不能单独应用。

(3)数据融合。基于上述对惯性传感器优缺点的分析得出,单独使用都不能得出更精确的信息量,因此,就需要对传感器的输出数据进行滤波分析,通过滤波融合策略求得两轮机器人更精确的姿态信息。

7.1.2　两轮机器人的姿态分析

如图 7.1 所示,简单地建立了两轮机器人的坐标系 XYZ(Roll-Pitch-Yaw)。两轮机器人在三维空间内具有平动自由度和旋转自由度。

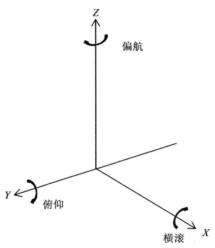

图 7.1   两轮机器人姿态简意图

如图 7.2 所示,两轮机器人在 XYZ 坐标系中的运动状态可用俯仰、偏航以及横滚来描述。

俯仰姿态(Pitch Attitude)以俯仰角 θ 度量。其中,姿态倾角 θ 及其角速度 $d\theta/dt$ 描述两轮机器人的俯仰姿态,两轮机器人的平衡控制与速度控制都与机器人的俯仰姿态有关。

偏航姿态(Yaw Attitude)以偏航角 φ 度量。两轮机器人的转向控制由偏向角 φ 以及偏向角速度 $d\varphi/dt$ 共同控制。

横滚姿态(Roll Attitude)以横滚角 α 度量。横滚姿态主要存在于斜坡问题研究上。两轮机器人在平面空间中不存在横滚情况,即横滚角 $\alpha=0$,横滚角速度 $d\alpha/dt=0$。

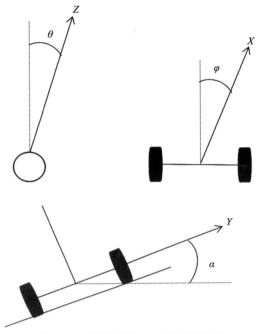

图 7.2　两轮机器人姿态三视图

7.2　基于卡尔曼滤波器的数据融合

7.2.1　卡尔曼滤波器简介

卡尔曼滤波理论很早是由匈牙利的卡尔曼博士在其论文《线性滤波与预测问题的新方法》中率先提出。简单地说它就是一种最优化自回归数据处理算法，其核心是指当输入由白噪声产生的随机信号时，使目标输出量与真实量之间的均方根误差达到最小线性系统。

卡尔曼滤波算法是基于将角度传感器的信号和角速度传感器的信号进行滤波融合，再滤波解算得到机器人精确的角度值以及角速度值。其工作机理就是过滤掉测量波形中产生的噪声值以及测量误差值，能够使得测量结果更趋向于真实值。在滤波算法方面，卡尔曼滤波算法是最典型的而且是最常用的一种滤波算法。卡尔曼滤波过程可以简单地用五个数学方程描述，因此，设计一个卡尔曼滤波器，只需理解并掌握其五个数学方程的含义即可,本章将会详细论述卡尔曼滤波理论。其基本思想就是根据上一历史时刻的信息值来估计出当前预估值以及系统当前的测量值,并趋向于预估值和测量值这两个量一定的权值,最后得出系统当前精确的实际姿态信息。

卡尔曼滤波的被控目标是以离散化的线性动态系统为目标,解出线性动态系统的预测方程以及观测方程,然后再对其以离散化的形式表述。具体滤波工作原理如下:由于系统具有跟随性,便可以通过状态预测方程基于系统在 $k-1$ 时刻的历史值预估出系统在下一时刻即 k 时刻的状态预估值,然后再利用观测方程测得系统 k 时刻的观测数值,此时该系统实际的状态信息即可用观测值和预估值这两个量进行加权运算求得。但问题是观测值和预估值都存在不确定因素,不过好处在于都能用高斯白噪声来代替这两个值,另外还可以预先估算观测值和预估值的最小方差,再利用最小方差计算出这两个值在真实信息中的权重,最后求解出当前信息的卡尔曼预估结果。将卡尔曼滤波器的预估值与原始测量值比较,预估值更接近于系统真实值。由于卡尔曼滤波器的五个数学方程式以离散化的形式来表述,可以极其方便地利用计算机编程来实现卡尔曼滤波器的递归功能。

卡尔曼滤波理论随着技术的发展和突破得到了很多专家和研究人员的认可,尤其是在机器人避障导航、机器人运动控制以及数据融合方面的应用性能良好,并且也开始应用于军事领域,比如雷达系统和导弹追踪等方面。在实际生产生活中也有相关应用,如在电力系统中,可用于负载预测、风电场风速预测以及电能质量评估等场合。

7.2.2　卡尔曼滤波运算过程

7.2.2.1　信号模型

对一个信号模型进行表述时,一般存在两种类型的信号:一个是系统的真实值,一个是利用仪器测量得到的测量值。这两个值往往不等,因为仪器在设计及操作过程中会产生误差,而卡尔曼滤波中,信号模型可以用离散过后的线性差分方程式(7.1)和测量方程式(7.2)来描述:

$$x(k) = Ax(k-1) + Bu(k) + w(k) \qquad (7.1)$$
$$y(k) = Cx(k) + v(k) \qquad (7.2)$$

式中,$x(k)$ 为 k 时刻的系统状态向量;$u(k)$ 为 k 时刻的系统控制输入信号;A 为系统状态转移矩阵;B 为输入控制加权矩阵;C 为观测矩阵;$w(k)$ 为过程噪声;$v(k)$ 为观测噪声,在实际应用中往往都被假设为高斯白噪声,相应的协方差分别为 Q 和 R。

最后,再假设动态系统的初始状态为 x_0,以及系统噪声向量 $\{w_1, w_2, w_3, \cdots, w_k\}$ 和测量噪声向量 $\{v_1, v_2, v_3, \cdots, v_k\}$ 是完全独立的。

7.2.2.2　初始状态

任何一个系统都是从一个初始状态开始运行的,在某一特定时间,这个初始状态往往都被赋予一个具体的值。然而,由于事先并不知晓这个具体量,所以,在建模时通常

都取一个符合高斯分布的随机量作为系统的初始状态。所以,可用均值和方差定义假设观测系统初始状态为:

$$\begin{cases} E[x(t_0)] = x_0 \\ E\{[x(t_0) - x_0][x(t_0) - x_0]^T\} = \boldsymbol{P}_0 \end{cases} \tag{7.3}$$

式中,x_0 为系统的初始均值;$\boldsymbol{P}_0$ 为协方差矩阵。

7.2.2.3　滤波算法的运算过程

卡尔曼滤波器的当前状态是由两个信息值通过加权运算获得,而这两个值是由卡尔曼滤波的两个过程得来,即预测阶段(时间更新)和校正阶段(测量更新),下面详细介绍卡尔曼滤波的运算过程。

(1)预测阶段。由上一历史时间点的估计值 $x(k-1|k-1)$ 预测出当前时刻的状态预估值 $x(k|k-1)$(也叫先验预估值),同时,对 $x(k|k-1)$ 的误差做一定的估计,计算出 $x(k|k-1)$ 的最小均方误差。假设现在系统状态为 k,基于上一状态预测出现在的状态,得系统模型为:

$$x(k|k-1) = \boldsymbol{A}x(k-1|k-1) + \boldsymbol{B}u(k-1) \tag{7.4}$$

式中,$x(k-1|k-1)$ 为系统在 $k-1$ 时刻状态的最优预估值;$x(k|k-1)$ 为基于 $x(k-1|k-1)$ 得出的预测值;$u(k-1)$ 为在 $k-1$ 时刻系统的控制量。

若要求解出系统在 k 时刻的状态最优值,则还需求出对应的 $x(k|k-1)$ 的协方差 $\boldsymbol{P}$:

$$\boldsymbol{P}(k|k-1) = \boldsymbol{A}\boldsymbol{P}(k-1|k-1)\boldsymbol{A}^T + \boldsymbol{Q} \tag{7.5}$$

式中,$\boldsymbol{P}(k-1|k-1)$ 为 $x(k-1|k-1)$ 对应的协方差;$\boldsymbol{P}(k|k-1)$ 为 $x(k|k-1)$ 对应的协方差;$\boldsymbol{A}^T$ 为 $\boldsymbol{A}$ 的转置矩阵;$\boldsymbol{Q}$ 为协方差。

(2)校正阶段。校正器实际上是一个数据的融合过程。校正的目的是将在预估过程中推算出的先验预估值 $x(k|k-1)$ 与测量方程得到的测量值 $y(k)$ 进行权重求解,最终求解得到系统当前时刻的后验预估值 $x(k|k)$:

$$x(k|k) = x(k|k-1) + Kg(k)[y(k) - \boldsymbol{C}x(k|k-1)] \tag{7.6}$$

式中,Kg 为卡尔曼增益:

$$Kg(k) = \boldsymbol{P}(k|k-1)\boldsymbol{C}^T / [\boldsymbol{C}\boldsymbol{P}(k|k-1)\boldsymbol{C}^T + \boldsymbol{R}]^{-1} \tag{7.7}$$

到此,就可以求解出系统在 k 时刻的最优预估值 $x(k|k)$。但该算法若要依次递归下去,还需求出 $x(k|k)$ 的协方差:

$$\boldsymbol{P}(k|k) = [\boldsymbol{I} - Kg(k)\boldsymbol{C}]\boldsymbol{P}(k|k-1) \tag{7.8}$$

式中,$\boldsymbol{I}$ 为单位矩阵,对于单模型而言,$\boldsymbol{I} = 1$。当系统处于 $k+1$ 时刻时,$\boldsymbol{P}(k|k)$ 就是式(7.5)中的 $\boldsymbol{P}(k|k-1)$。这样,该滤波算法就可实现自递推功能了。

综上分析,卡尔曼滤波原理就是利用反馈策略来预测出系统下一时间点的状态值,它首先根据 $k-1$ 时刻系统的最优预估值来预估得出系统在 k 时刻系统的状态值,然后再通过仪器设备测得测量值(存在噪声)的反馈,最后将这两个值进行加权运算。因此,也可将卡尔曼滤波过程分为两大部分,即时间更新(状态更新)和测量更新。

时间方程包括状态更新以及协方差预测,主要是对系统的状态进行预测,为下一时刻的系统状态构造出预估量,也被看作是系统状态预测方程;而观测更新方程包括计算卡尔曼增益、状态更新和协方差更新，主要完成反馈工作，也被看作是校正方程；简单来说，就是将更新测得的值加入已经在状态预测方程中得到的先验预估值，并求解得出系统状态的后验预估值。通过图7.3可直观地描述卡尔曼滤波的"预测—校正"过程。

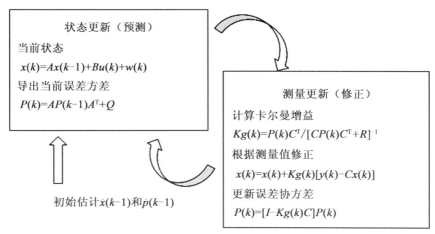

图 7.3　卡尔曼滤波"预测-修正"过程图

7.3　姿态检测模型分析

由于加速度计和陀螺仪传感器存在内部结构以及原理的不同，因此，在对两轮机器人的姿态信息采集之前，需要首先对这两个传感器的误差模型进行研究分析；其次，了解惯性传感器产生误差的原理，对有效使用惯性传感系统、减少位置误差值以及方向误差无限制增长的影响起着十分关键的作用。准确建立惯性传感器误差模型能使惯性测量系统在没有绝对位置传感器的情况下独立地长时间工作，并且可以提高位置估计的准确性和可靠性。在使用陀螺仪和加速度计构成姿态信息采集部分时，如表7.1所示，因加速度计的检测精度较高，而且又不存在累积误差的优点，因此在两轮机器人的姿态采集模块中，误差源基本来自于陀螺仪，最主要的就是陀螺仪对噪声和温度的因素极其敏感。因此，本节主要分析陀螺仪传感器的误差特性，再建立其模型。

7.3.1　陀螺仪的误差模型

陀螺仪的误差主要是在测量过程中产生的漂移以及在读取数据时对刻度把握不精确造成的，并且陀螺仪的测量误差一般可分为由温度因素、摩擦力因素以及不稳定转矩等引起的漂移误差和刻度系数误差两种,这两种误差都属于随机误差的概念范畴。其中,因温度和噪声的因素所引起的漂移误差为主要误差。漂移误差就是导致在检测过程中姿态信息测量不准确的关键,为获取实时且准确的姿态信息,需要总结其误差特性,建立相关漂移误差的数学模型。最关键的是陀螺仪的漂移误差都具有非常大的随机性,而这种随机性又是十分复杂和难以预估的,为此,将陀螺仪的漂移误差主要分为以下三种类型,以和的形式表示总的误差。

(1)初始漂移误差。陀螺仪的初始漂移误差主要来源于陀螺仪每次运行时外界因素的变化以及相关参数等其他因素。这是因为陀螺仪每次在运行时,都达不到预期稳定的温度条件。但陀螺仪传感器每次的输出值会因长时间工作而慢慢减小,然后趋向于一个稳定的动态值。该起始漂移误差量会用一个随机常数 ε_b 来表示,此时 t 时刻的起始误差记为 $\varepsilon_b(t)$:

$$\varepsilon_b = 0 \tag{7.9}$$

(2)缓变速漂移误差。由于陀螺仪是一种高精密仪器,且不适合长时间处于工作环境中,又因其对外部因素比较敏感,故测量结果也会受这些外部因素影响而缓慢变化,并且这种变化随机性非常大。因缓变漂移通常是以一定的速率变化,且这种变化的过程比较缓慢,而在变速过程中前后相邻的两个时间点在漂移数值上存在一定程度上的相关性,这种漂移误差可以用一阶马尔科夫过程来描述:

$$\dot{\varepsilon}_r = -\frac{1}{\tau_G}\varepsilon_r + \omega_r \tag{7.10}$$

若关联的时间点比较短,那么这种相关漂移误差的一阶马尔科夫过程就类似地被看作是一个白噪声过程;反之,就类似地被看作是一个随机过程。因此,将 t 时刻的缓变速漂移误差记为 $\varepsilon_r(t)$。

(3)快变速漂移误差。快变速漂移是基于测量初始误差和缓速误差发生的变异,一般常作为一种随机的、无规律的高频率跳变;但在前后两个相邻时间点上,漂移误差数值之间的关联性就会显得非常微弱甚至为 0。因此,快变速漂移就能抽象成一个高斯白噪声过程,记为 ω_g,且 t 时刻的快变速漂移误差记为 $\omega_g(t)$。

综合对陀螺仪的三种误差分析,得出陀螺仪在 t 时刻的漂移误差模型,用式(7.11)描述:

$$\varepsilon_g(t) = \varepsilon_b(t) + \varepsilon_r(t) + \omega_g(t) \tag{7.11}$$

因此,得出陀螺仪传感器的输出数据 $\omega_{\text{gyro}}(t)$ 为:

$$\omega_{\text{gyro}}(t) = \omega_{\text{real}}(t) + \varepsilon_b(t) + \varepsilon_r(t) + \omega_g(t) \tag{7.12}$$

式中,ω_{real} 为真实的角速度。

倘若测量时间很短,那么陀螺仪的这三种误差就会很低;反之,测量时间越长,陀螺仪的三种误差就会随时间累积起来,而且累积值越大,最后对测量结果的精确性造成的干扰越大。

7.3.2　加速度计的误差模型

因加速度计本身的敏感特性,在使用过程中易受到冲击以及噪声的影响,所以在动态条件下也就会产生许多高频干扰噪声,记作 ε_a,则 t 时刻的高频干扰噪声记为 $\varepsilon_a(t)$。

因此,得出加速度计的误差数据 $\theta_{acce}(t)$ 为:

$$\theta_{acce}(t) = \theta_{real}(t) + \varepsilon_a(t) \tag{7.13}$$

式中,$\theta_{real}(t)$ 为 t 时刻两轮机器人真实的倾斜角度值。

7.3.3 测量模型

根据上一小节对陀螺仪和加速度计的误差模型研究推导得知,将其应用到两轮机器人这个特定场合而言,务必需考量多种因素,以保证设计的卡尔曼滤波器具有可行性。而在设计滤波器的过程中,状态向量的选择会改变整个状态方程的结构,卡尔曼滤波器的设计环节主要取决于状态向量的选择。在两轮机器人系统中,考虑到姿态倾角和倾角角速度存在着导数关系,因此,选取两轮机器人的姿态倾角 θ 作为一个状态向量比较合理。但如果对角速度进行求导得到角加速度值并无具体价值,因此,可以间接地以加速度计对陀螺仪零位漂移误差 b 的预估值作为另一状态向量。利用两者的协方差进行依次递归运算直到预估出系统状态的最优值。

联立式(7.12)和式(7.13)陀螺仪和加速度计的误差数据的输出模型,求解得出卡尔曼滤波器的线性空间方程,由如下预测方程和观测方程表述:

$$\begin{bmatrix} \dot{x}_1 \\ \dot{x}_2 \end{bmatrix} = \begin{bmatrix} 0 & -1 \\ 0 & 0 \end{bmatrix} \begin{bmatrix} x_1 \\ x_2 \end{bmatrix} + \begin{bmatrix} 1 \\ 0 \end{bmatrix} \omega_{gyro} + w \tag{7.14}$$

选取输出变量 y_{acce} 为角速度计的偏移角度,则输出方程如下:

$$y_{acce} = \begin{bmatrix} 1 & 0 \end{bmatrix} \begin{bmatrix} x_1 \\ x_2 \end{bmatrix} + v \tag{7.15}$$

以上两式中,取系统的状态变量为 $x = \begin{bmatrix} x_1 & x_2 \end{bmatrix}^T$,$x_1 = \theta$ 为两轮机器人的姿态倾角,x_2 为陀螺仪的偏差 ω_{bias};ω_{gyro} 为陀螺仪的输出值,作为卡尔曼滤波的输入信号;w 为过程噪声(所建模型本身噪声)。$y_{acce} = x_1 = \theta$ 为加速度计的测量值;v 为观测噪声(测量数据噪声)。假设系统的过程干扰噪声 w 和测量过程噪声 v 都符合高斯白噪声,如需校正卡尔曼滤波器,需先设置合理的过程噪声和测量误差的协方差矩阵。将观测噪声的协方差矩阵 R 定为 $R = [r\_acce]$,过程干扰噪声的协方差矩阵 Q 表示如下:

$$\begin{cases} Q = \begin{bmatrix} q\_acce & 0 \\ 0 & q\_gyro \end{bmatrix} \\ R = [r\_acce] \end{cases} \tag{7.16}$$

式中,q_acce 和 q_gyro 分别为陀螺仪和加速度计测量得到的协方差参数。取值的不同表达对它们不同的信任度。比如,倘若更相信陀螺仪的数据,即可通过设置 q_gyro 值的大小来验证这样的信任值。矩阵 R 表示测量误差的协方差。如果矩阵 R 取值范围较大时,就表示加速度计的测量误差存在较大噪声干扰。加权矩阵 Q 和 R 通过比较复杂的统计学方法获取。本书通过仿真验证,修正需要研究人员对系统模型以及卡尔曼滤波算法有比较充分的理解。

为实现卡尔曼滤波数据融合,必须将式(7.14)和式(7.15)系统的预测模型和观测模型离散化。以 T_s 为采样周期或测量周期，得出离散后的系统预测矩阵方程和观测矩阵方程的模型如下：

$$
\begin{cases}
\begin{bmatrix} \dot{x}_1(t+1) \\ \dot{x}_2(t+1) \end{bmatrix} = \begin{bmatrix} 1 & -T_s \\ 0 & 1 \end{bmatrix} \begin{bmatrix} x_1(t) \\ x_2(t) \end{bmatrix} + \begin{bmatrix} T_s \\ 0 \end{bmatrix} \omega_{\mathrm{gyro}}(t) \\
y(t) = \begin{bmatrix} 1 & 0 \end{bmatrix} \begin{bmatrix} x_1(t) \\ x_2(t) \end{bmatrix}
\end{cases}
\tag{7.17}
$$

式中，t 为离散时间。

7.4　滤波器仿真结果分析

图 7.4 是两轮机器人的卡尔曼滤波对比图。从图中可以得知，经卡尔曼滤波后的两轮机器人倾斜角数据比加速度计原始数据更稳定，并且能实时表示两轮机器人当前的姿态倾角变化。

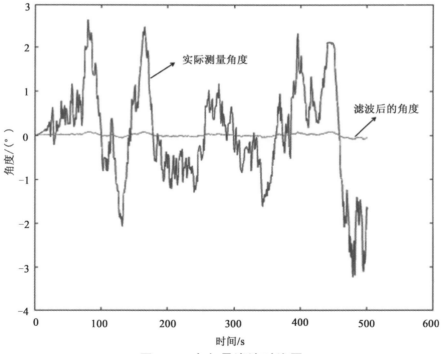

图 7.4　卡尔曼滤波对比图

7.5　本章小结

　　本章分析了姿态获取的各种惯性传感器的优缺点,基于各种惯性传感器的优缺点论证了数据融合的必要性,得出必须对加速度计和陀螺仪数据进行融合才能满足系统要求。根据对加速度计和陀螺仪数据融合的要求,本章利用卡尔曼滤波理论对陀螺仪和加速度计进行研究分析,并设计一个可行的卡尔曼滤波器。通过仿真验证,有效地克服了单一惯性传感器的不足,提高了两轮机器人的姿态解算的精度和响应速度。

第8章 两轮割草机器人边缘识别技术

8.1 边缘识别技术综合论述

随着边缘识别技术的发展,其得到了日益增多的重视与应用。不管是航天事业、军用装备、工业生产、灾害预防等方面,亦或是图像查询、身份认证、录像裁判等(图8.1),都应用了该技术。照片的边缘识别技术在图像的处理查询、细分、配对和修补等各种应用中都起到了至关重要的作用。边缘识别的研究主要包含纹理的分类、分割、匹配等相关领域。其中,纹理特征是一种图像中的常见性质,但是其研究的过程中不难遇到因结构复杂多变而带来的问题,该难题一直困扰着国内外相关领域的专家学者。

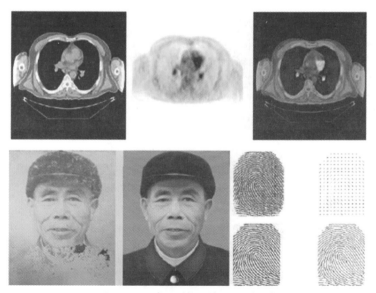

图8.1 常见的图像处理领域

8.2 几种边缘识别技术

图像的边缘提取方法很多,大都是在其出现的历年间在历史的大浪淘沙中凸显出来。这些方法可以概括为四类,基于结构的方法、统计的方法、频谱分析的方法和模型匹配方法。本书对以上四类中的几种经典方法进行大致介绍。

8.2.1 基于分割融合图像区域分界信息的边缘拟合方法

细心观察路径图像可以得出一个结论,路径上的像素和非路径上的像素其灰度有比较大的差异,路径边缘的识别就是找到两部分区域相邻的位置。对于路径边缘识别问题,需要找到的就是两部分区域的相邻交界点,在两部分相邻区域计算出相邻的交接点,这种方法可以去除掉路径上像素中的阴影像素和障碍物像素点,减少路径识别时的运算难度。对于路径区域和非路径区域差别比较明显的道路环境,第一步要做的是跟踪路径分割融合部分的分界边缘,得到相应的分界结果,计算 Sobel 算子得到的分界点。第二步则需要判断得到的结果是否达到拟合要求,若能达到拟合要求的路径边缘,直接拟合;若不能达到拟合要求的路径边缘,就需要跟踪分割融合像素部分分界算出的边缘线当作路径界限。

将照片中的边缘信息分离出来,并对边缘点扩展。照片做二值化处理的结果作为下一步分析的依据。其中,灰度为 0 的部分颜色为白色,灰度为 255 的颜色则是黑色,二值图中路径和非路径能够明显地区别出来。设边缘提取的目标照片是 p,分界线提取借助四连通方法实现对照片的处理,四连通原理如图 8.2 所示,以末行中选择一点开始运行该方法,该点的灰度为 0,以顺时方向跟踪,当跟踪到起点时结束。

(1)跟踪方法简介。设 $p(i,j)$ 为起始分界点,和 $p(i,j)$ 相邻的四个点为继任分界点,先从 $p(i+1,j)$ 按照逆时针的顺序,分别判断四个继任点能不能达到分界点所需要求,若达到所需要求,便将该点设为下一个分界点;而分界点没有四个继任点,并且所有继任点都达不到所需要求,就按照顺时针顺序选定相邻的像素点为分界点,并且不再跟踪此点。依照前面的跟踪方法,达到跟踪结束要求时停止跟踪。

(2)分界点(不包含图像中四条边上的像素)的判定要求。分界点是分割图像上的点,分界点判断在八连通方法的基础上,若现在的继任点 $p(i,j)$ 灰度是 255,同时,此继任点邻近所有像素的灰度值中至少有一个为 0,就可以判定该继任点是分割融合图像的路径分界点,此像素点符合判定要求,如图 8.3 所示。

	$p(i,j+1)$	
$p(i-1,j)$	$p(i,j)$	$p(i+1,j)$
	$p(i,j-1)$	

图 8.2　四连通

$p(i-1,j+1)$	$p(i,j+1)$	$p(i+1,j+1)$
$p(i-1,j)$	$p(i,j)$	$p(i+1,j)$
$p(i-1,j-1)$	$p(i,j-1)$	$p(i+1,j-1)$

图 8.3　八连通

（3）拟合要求判定。依据跟踪得到的分割融合分界线,在分界线两边像素范围内计算 sobel 算子得出的分界点,将这些分界点按从下向上的顺序划分为一定数量的子分区,分别求出每个子分区分界点的中心,对所有子分区的中心点都做分界拟合的影响因子。这些拟合影响因子能否应用到直线拟合,需要做出下列判定。

第一步,把全部分解拟合影响因子分为上下两个组。

第二步,各自求出上下两组的所有拟合影响因子的重心,然后由上下两组重心做连线,求出该连线的倾斜角。

第三步,求出全部上（下）分组拟合影响因子的取值,将该结果与下（上）分组重心连接在一起,求出连接在一起后的倾角和倾角的绝对差,将全部倾斜角绝对差进行排序处理。若所有绝对差都小于 5°,并且余下影响因子数占全部影响因子数的一半,转第四步,不满足就把上下分组中绝对差最大的10% 影响因子排除;若余下的影响因子数小于全部影响因子的一半,转第五步,若不是,转第二步。

第四步,满足分界拟合要求,判定完成。

第五步,不满足分界拟合要求,判定完成。

基于分割融合分界拟合方法,采用该方法得到的路径边缘线如图 8.4 所示。其中图（a1）和（a2）为处理的图片;图（b1）和（b2）是使用 Sobel算子计算得到的图像边缘结果,可以看到路径右边的分界点连贯性很差,路径上的阴影和障碍物的边缘也没有被剔除掉,仍然出现在图像中;图（c1）和（c2）为跟踪路径分割融合分界点得到的边缘线,图（c2）的右边缘没有检测到直线,所以不符合拟合要求;图（d1）和（d2）是拟合得到的路径边缘。基于分割融合的边缘拟合方法,在环境复杂的情况下,比如路径中有阴影以及障碍物等干扰因素时,依然能得到较理想的拟合边缘。

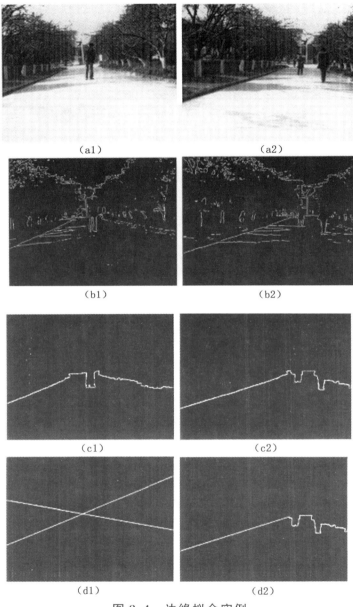

（a1）　　　　　　　　　（a2）

（b1）　　　　　　　　　（b2）

（c1）　　　　　　　　　（c2）

（d1）　　　　　　　　　（d2）

图 8.4　边缘拟合实例

8.2.2　基于最小二乘法的边缘识别

检测路径边缘时,假设路径边缘的特征点是 $(x_i, y_i)(i=0,1,2,\cdots n)$,在接收到的图像准确度限制下,并没有一条检测到的直线能完全符合特征点要求,在此情况下只需找到一条能够大部分落在直线一定范围内的特征点即可。

设预计边缘线函数为 $y=F(x)$,那么对于任何一个特征点 (x_i, y_i),其对预计边缘线的误差可表示成 $\delta=F(x_i-y_i)$,则全部特征点对应的误差平方和为:

$$\sum_{i=1}^{n} \delta^2 = \min \sum_{i=1}^{n} \left[F(x_i - y_i)\right]^2 \tag{8.1}$$

目标路径边缘线的判定要求为:使式(8.1)误差平方和值最小的直线 $y=F(x)$,这种方法称为基于最小二乘法的边缘识别,或命名为曲线拟合最小二乘法。假设函数 $y=F(x)$ 对应的参数方程为 $y=kx+b$,将该方程代入式(8.1)得:

$$f(k,b) = \sum_{i=1}^{n} \delta^2 = \min \sum_{i=1}^{n} (kx_i + b - y_i)^2 \tag{8.2}$$

若要求能使上式取最小值的对应参数 k 和 b,应对上式求导并满足下列条件:

$$\begin{cases} \dfrac{\partial f(k,b)}{\partial k} = 0 \\[2mm] \dfrac{\partial f(k,b)}{\partial b} = 0 \end{cases} \tag{8.3}$$

即

$$\begin{cases} 2 \sum \left[(kx_i + b - y_i)x_i\right] = 0 \\[2mm] 2 \sum (kx_i + b - y_i) = 0 \end{cases} \tag{8.4}$$

化简为:

$$\begin{cases} k \sum x_i^2 + b \sum x_i - \sum x_i y_i = 0 \\[2mm] k \sum x_i - \sum y_i + nb = 0 \end{cases} \tag{8.5}$$

即

$$\begin{cases} k \sum x_i^2 + b \sum x_i = \sum x_i y_i \\[2mm] k \sum x_i + nb = \sum y_i \end{cases} \tag{8.6}$$

即

$$\begin{bmatrix} \sum x_i^2 & \sum x_i \\ \sum x_i & n \end{bmatrix} \begin{bmatrix} k \\ b \end{bmatrix} = \begin{bmatrix} \sum x_i y_i \\ \sum y_i \end{bmatrix} \tag{8.7}$$

由上式可以得出直线参数 k 和 b，即

$$k = \frac{\begin{vmatrix} \sum x_i y_i & \sum x_i \\ \sum y_i & n \end{vmatrix}}{\begin{vmatrix} \sum x_i^2 & \sum x_i \\ \sum x_i & n \end{vmatrix}}, b = \frac{\begin{vmatrix} \sum x_i^2 & \sum x_i y_i \\ \sum x_i & \sum x_i \end{vmatrix}}{\begin{vmatrix} \sum x_i^2 & \sum x_i \\ \sum x_i & n \end{vmatrix}} \tag{8.8}$$

8.2.3 基于灰度共生矩阵的草地纹理分割技术的边缘识别

当下机器人的研究不断地向各个领域延伸，更多的智能家居不断地走向人们的视野。割草机器人的发展也日新月异，以前的随机避障策略越来越不适应现在智能时代的脚步，摄像头模块的加入为割草机器人的发展提出了新的发展方向。借助摄像头读取到的信息，为机器视觉在割草机器人上得到应用，进而能够更高效、安全地作业。当下摄像头模块的应用场景主要是三个方向：割草机器人处理摄像头采集的信息，分析其中的障碍物信息，合理地做出避障处理；记录并分析运行环境，寻找充电桩位置，在电量到达底限时自动寻找充电桩，完成充电功能；识别草地边缘，界定割草机器人工作范围。按照这几个方向的研究已经能完成预定任务目标，然而割草机器人的轨迹规划方法并未取得新的突破，大部分依旧使用简单低效的算法对全部草地作业，同时借助记忆功能完成所有任务，在绿地环境改变时无法适应新的环境，工作效率不高。割草机器人装备图像采集模块后，借助灰度共生矩阵对图像进行处理，得到已割草地与未割草地，自动识别路径并根据得到的路径完成割草作业。割草机器人的工作效率与智能化程度都得到了极大的提高。

图像的灰度共生矩阵是一种有效提取纹理特征的算法，其算法借助的是统计学的分析方法。该算法将照片中所有像素的灰度和该像素范围内通过灰度所产生的灰度组所存在的数量全部加起来，便能得到灰度与频率相关的矩阵。该矩阵的范围与照片的灰度程度正相关。

灰度共生矩阵的运行步骤为：

（1）预先将目标图像的灰度设为 H，此时，目标图像的灰度能够组合出 $H \times H$ 种方式。相应地，创建一个 $H \times H$ 尺寸的空矩阵。

（2）取目标图像中任意一点 (x, y) 和另一点 $f(x+Dx, y+Dy)$，函数 $f(x, y)$ 表示求取像素点 (x, y) 的灰度值。如果 $f(x, y) = i$，$f(x+Dx, y+Dy) = j$。则得到一对相应的灰度对，记为 (i, j)。

（3）检验目标图片中全部像素，将全部存在的灰度组 (i, j) 类别都记录下来，然后统计出一样的灰度组所存在的数量 $Num_{(i,j)}$。

（4）将 $Num_{(i,j)}$ 依次记录在 $H \times H$ 容量的新建立的矩阵内，得到该照片的灰度共生矩阵，该矩阵内存储的数据是灰度组种类的数量。

可以将上述方法表示为：

$$p(i,j) = \{(x,y), (x+Dx, y+Dy) \in M \times N\} \text{ 且} \begin{cases} f(x,y) = i \\ f(x+Dx, y+Dy) = j \end{cases}$$

$$(8.9)$$

式中，i, j 为集合中的元素个数，$i, j = 0, 1, 2 \cdots, H-1$。

灰度对的选择也需要谨慎确定，首先应依据图像的纹理特性选取合适的差分值，设为 (Dx, Dy)。其选取条件还受其他方面的影响，比如计量量与应用结果的对应联系，默认选择相对易处理的差分值，一般选取 $(1,1)$，$(2,0)$，$(2,1)$ 左右的取值。然后按照像素对的差分值，构建该系统的模型。在该模型中计算出对应灰度对间的步长，设为 l；进而求出连线与水平线所成夹角，设为 θ，如图 8.5 所示。

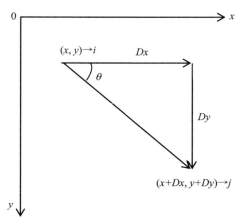

图 8.5　像素点位置关系

计算出的灰度共生矩阵 $p(i,j,\theta)$ 可有多种，其分类依据主要是两点的距离 z 和坐标横轴的夹角 e 的不同。

四种基本的位置关系如图 8.6 所示。

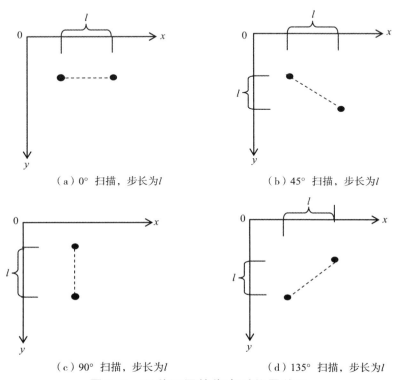

（a）0° 扫描，步长为 l （b）45° 扫描，步长为 l

（c）90° 扫描，步长为 l （d）135° 扫描，步长为 l

图 8.6 四种不同的像素对位置关系

下面通过举例说明算法的运算过程：

对一张细胞图做 8 级灰度化处理，得到图 8.7（a），在灰度图中随机取 4×6 大小的像素部分，结果如图 8.7（b）所示。依次列举所有像素点的灰度值，灰度图像的数字表示形式如表 8.1 所示。设灰度共生矩阵的扫描为 0°，选择单位是 $l=1$，那么存储上述信息的表内灰度组映射的是连接的照片信息的灰度。计算表 8.1 内出现的灰度组，能够找到一个（3,1）在矩阵中相应位置标记 1，如表 8.2 所示。

（a）细胞灰度图

（b）提取的4×6像素图

图 8.7　4×6 像素图提取

表 8.1　灰度图像的数字表示形式

x \ y	1	2	3	4	5	6
1	3	1	1	2	6	2
2	4	2	1	8	4	1
3	2	2	3	6	1	3
4	2	8	2	4	5	5

表 8.2　0°扫描,步长 $l=1$ 条件下算出的灰度共生矩阵

x \ y	1	2	3	4	5	6	7	8
1	1	0	0	1	0	1	1	0
2	0	1	0	0	0	2	0	1
3	1	0	0	1	0	0	1	0
4	0	1	1	0	0	1	0	0
5	0	0	1	0	1	0	0	0
6	0	0	0	0	0	0	0	0
7	0	1	1	0	0	0	0	0
8	0	0	0	1	0	0	0	1

因此同样算出全部角度下的对应结果,如表 8.3～表 8.5 所示。

表 8.3　45°扫描,步长 $l=1$ 条件下算出的灰度共生矩阵

x \ y	1	2	3	4	5	6	7	8
1	1	0	1	1	0	1	1	0
2	0	0	0	0	0	2	0	1
3	1	0	0	1	0	0	1	0
4	0	1	1	0	0	1	0	0
5	0	0	0	0	1	1	0	0
6	0	0	0	0	0	0	0	0
7	0	1	0	0	0	0	0	0
8	0	0	0	0	1	0	1	1

表 8.4　90°扫描,步长 $l=1$ 条件下算出的灰度共生矩阵

x \ y	1	2	3	4	5	6	7	8
1	0	0	2	2	0	1	1	0
2	0	1	0	0	0	2	0	1
3	1	0	1	0	0	0	1	0
4	0	1	1	0	0	1	0	0
5	0	0	1	0	1	0	0	0
6	0	0	0	0	0	0	0	0
7	0	1	0	0	0	0	0	0
8	0	0	0	1	0	0	0	1

表 8.5　135°扫描,步长 $l=1$ 条件下算出的灰度共生矩阵

x \ y	1	2	3	4	5	6	7	8
1	1	0	0	1	0	1	1	0
2	0	1	0	0	0	2	0	1
3	1	0	0	1	0	0	1	0
4	0	0	0	0	0	1	0	0
5	0	0	1	0	1	0	0	0
6	0	0	0	0	0	0	0	0
7	0	2	1	0	0	0	0	0
8	0	0	0	1	0	0	0	1

不过,灰度共生矩阵仅仅是图像处理的准备操作,若要得出照片的纹理特性,仍需对灰度矩阵做归一化处理(表 8.6),处理后统计得到的次数便能转换为概率。

$$\mu(i,j)=\frac{p(i,j)}{R}, R=\begin{cases} M \cdot (N-1) & \theta=0°或 \theta=90° \\ (M-1) \cdot (N-1) & \theta=45°或 \theta=135° \end{cases} \tag{8.10}$$

表 8.6　$\theta=90°, l=1$ 情况下的灰度共生矩阵归一化处理

x＼y	1	2	3	4	5	6	7	8
1	0.05	0.05	0.05	0.05	0	0	0	0.05
2	0	0.05	0.05	0	0	0	0.05	0.05
3	0.05	0	0	0.05	0	0	0.05	0
4	0.1	0	0	0	0	0	0	0
5	0	0	0.05	0	0	0.05	0	0
6	0	0	0	0	0	0	0	0
7	0.05	0	0.05	0	0	0	0	0
8	0.05	0	0	0.05	0	0	0	0

在对采集到的照片做灰度共生矩阵处理后,还需要在该处理的基础上对照片做边缘识别。得到采集照片的灰度共生矩阵只是将图片的信息做了初步处理,若要得到照片的纹理特征信息,还需要把照片做分解处理,再计算较好的处理结果,要做的步骤为:

对图像做灰度处理,采集一张 256 尺寸的方形彩色照片,把这张照片做灰度处理,得到一张每个像素为 0~255 数值的灰度照片。常见的灰度照片都有 256 个灰度,并且灰度的大小与灰度共生矩阵的运算难度成正比。以 256 尺寸的灰度照片举例,该照片中的灰度矩阵的运算难度已经很高,耗费较多的时间才能得出结果。不应选择太高灰度来计算灰度矩阵,这会使灰度矩阵的运算效率降低,花费更多的时间等待计算结果。所以,为了提高运算的速度和效率,减少等待的时间,在对灰度共生矩阵运算时将 256 灰度做简化处理,简化后的灰度为 16,简化后的灰度矩阵运算时间将会大大降低,对照片的处理结果的干扰也在可控范围内。

在选择合适灰度后,还要确定合适的扫描参数,扫描参数的选择主要是在角度和步长两方面。对灰度共生矩阵的处理中,能够确定的扫描角度备选项很多,然而通常情况只在 0°、45°、90°、135°这些选项中进行选择。因为假如对全部角度都计算灰度共生矩阵,将会得出数据量过大的计算结果,同时无法确定所有角度中哪一个是能够选择的结果。类似的,在确定扫描步长时,确定 $l=t_0$。

在确定好扫描参数后,就可以做纹理特征提取的运算。若要将照片的纹理特性直观地展示出来,应该在求纹理特性时把灰度照片做相应的处理,灰度照片应先映射为包含特性信息的矩阵图。所以,对纹理特性的提取操作没有将全部照片都做灰度共生矩阵处理,要做的是确定适当范围的局部照片求灰度矩阵,然后扩展到全部照片。扩展的步长为单个像素的距离,确定所有像素都会被处理到。直到求出所有局部照片的灰度共生矩阵与其配套求得的特性结果,这样就能在局部范围计算后整合出整个照片的特征数据。

通过距离来说明上述计算过程,确定一个尺寸为 3 的局部照片,求出该局部照片的灰度共生矩阵,把算出的特性结果传输到局部照片中间。做完这一步后,就算出了首个局部照片的纹理特性数据,接着把局部照片的确定范围往右调整单个像素的距离,按照上述算法类似地算出移动后中心位置的像素特性数据,使用类似方法,将全部照片的问题特性数据全部求出并整合到一个矩阵中。

同时还要求出特性数据的独特性,确保能提取有效的纹理特性,在确定局部照片时使用的都是奇数值。如此便能保证所有局部照片的中间都能写入匹配的特性数据。然而只选择技术值也同样存在缺点。与采集的照片对照时,能够明显地发现计算得出的特性数据矩阵中有的行内没写入数据。在确定局部照片时的范围都较小,取值都小于11,因此未写入数据的行数量很少,不会影响最终结果。所以通过把灰度照片周围添加像素来改善该问题。若选择范围是 3 的局部照片就添加一周像素。当选择范围是 5 时则添加 2 周像素。按照类似的原理,周围像素的灰度和采集到的照片的周围相同。使用这种原理不仅能使特性数据具有独特性,还能使得到的特性数据矩阵结果和采集到的照片尺寸相同。因为每个特性数据能表达的纹理是各异的,同时与得到的纹理提取结果的质量有关。对计算采集到照片的结果产生关键影响的是确定恰当的特性数据。

对纹理特性照片的提取计算时,局部照片的确定起到了很关键的作用。若要局部照片的取值太大,必然使灰度矩阵的运算量剧增,同时也需要更多的存储空间来储存如此多的数据,也延长了等待时间。而当局部照片的取值太小时,又造成照片的纹理特性减少,同时,把得到的计算结果质量降低。又因为要将灰度共生矩阵匹配的特性数据传输至局部照片中间区域,所以一般情况下确定范围为 3、5、7、9,这些尺寸来计算整个照片。

8.2.4　基于 Canny 边缘检测

基于 Canny 算法的边缘检测需要同时达到三个高要求指标,分别是信号中的噪声占比较小;能够实现高准确度的定位;对单个边缘点最好只响应一次。在这三个指标的要求下,通过 Canny 计算得到高质量算子类似结果。具体实现过程如下:

(1)借助一维高斯函数,对图像的行和列依次做低通平滑滤波。该高斯函数为:

$$G(x) = \frac{1}{\sqrt{2\pi}\sigma} \exp\left(-\frac{x^2}{2\sigma^2}\right) \tag{8.11}$$

(2)算出图形平滑处理后各像素点的梯度值和梯度方向。用 2×2 邻域一阶偏导的有限差分,计算平滑后图像 $I(x,y)$ 的 x,y 方向的偏导数为:

$$\begin{cases} p_x[i,j] = (I[i+1,j] - I[i,j] + I[i+1,j+1] - I[i,j+1])/2 \\ p_y[i,j] = (I[i+1,j] - I[i,j] + I[i+1,j+1] - I[i,j+1])/2 \end{cases} \tag{8.12}$$

求出 x,y 方向的偏导以后，再利用二范数来计算梯度幅值 M、梯度方向 θ 分别为：

$$M[i,j] = \sqrt{P_x[i,j]^2 + P_y[i,j]^2} \tag{8.13}$$

$$\theta[i,j] = \arctan(P_x[i,j]/P_y[i,j]) \tag{8.14}$$

通过上述对 Canny 方法的介绍，能够看出阈值的确定对照片边缘计算起到至关重要的作用。常见 Canny 算子的阈值在运算前设定，其设置的高低需要设定者们对 Canny 算子具备一定的了解，测试过所选参数后，选择其中较理想的阈值。在阈值选择的过程中，阈值若设置得过低会出现虚边界现象，这种情况下甚至将图像信息中的干扰认为是边界。同时，采集照片时，获取到的图像信息受多方面的干扰，如光线和复杂环境等随机因素都会产生干扰。这种情况下传统 Canny 算子对阈值的取值问题上不能自动与多变的环境相协调。

因此，多协调性阈值的 Canny 算法的研究势必能更好地解决边缘提取问题。Otsu 算法便是能够适应多变环境的高适应性选择阈值的思路。该思路的主要方法是把图像像素分成图像的背景以及图像的目标，在计算出类间方差的最大值后，就能算出当前图像的最佳阈值。得到的最佳阈值的特点应该是能够将图形的背景类和目标类得到最佳的分离。

认为照片中有 N 个像素，灰度值主要集中在 $[0,L-1]$ 之内，灰度级 i 对应的像素数为 N_i，其概率为：

$$P_1 = N_i/N \quad (i=0,1,2,\cdots,L-1) \tag{8.15}$$

背景类（Background）由灰度值在 $[0,T]$ 之间的像素组成，目标类（Object）由灰度值在 $[T+1,L-1]$ 之间的像素组成。则背景和目标的灰度均值分别表示为：

$$u_b(T) = \frac{\sum_{i=0}^{T} i \cdot P_1}{w_b(T)}; u_o(T) = \frac{\sum_{i=T+1}^{L-1} i \cdot P_1}{w_o(T)} \tag{8.16}$$

其中：

$$w_b(T) = \sum_{i}^{T} p_i; w_o(T) = \sum_{i=T+1}^{L-1} p_i; w_b(T) + w_o(T) = 1 \tag{8.17}$$

图像总的灰度均值定义为：

$$u = u_b(T)w_b(T) + u_o(T)w_o(T) \tag{8.18}$$

图像背景和目标两类像素的类间方差定义为：

$$\sigma^2(T) = w_b(t) \cdot [u_b(T)-u]^2 + w_o(T) \cdot [u_o(T)-u] \tag{8.19}$$

则整个区间的梯度幅值期望为：

$$E = \sum_{j=1}^{l} t_j \cdot p_j \tag{8.20}$$

发生在 $D1,D2,D3$ 类内的梯度幅值期望分别为：

$$e_1(k) = \frac{\sum_{j=1}^{k} t_j \cdot p_j}{\sum_{j=1}^{k} p_j}; e_2(k,m) = \frac{\sum_{j=k+1}^{m} t_j \cdot p_j}{\sum_{j=k+1}^{m} p_j};$$

$$e_3(m) = \frac{\sum_{j=m+1}^{l} t_j \cdot p_j}{\sum_{j=m+1}^{l} p_j} \tag{8.21}$$

并且定义：

$$p(k) = \sum\nolimits_{j=1}^{k} p_j ; p(k,m) = \sum\nolimits_{j=k+1}^{m} p_j ; p(m) = \sum\nolimits_{j=m+1}^{l} p_j \qquad (8.22)$$

则可以定义评价函数：

$$\sigma^2(k,m) = [e_1(k) - E]^2 \cdot p(k) + [e_2(k,m) - E]^2 \cdot$$
$$p(k,m) + [e_3(m) - E]^2 \cdot p(m) \qquad (8.23)$$

即

$$\sigma^2(k,m) = \left(\frac{\sum_{j=1}^{k} t_j \cdot p_j}{\sum_{j=1}^{k} p_j} - \sum_{j=1}^{k} t_j \cdot p_j \right)^2 \cdot \sum_{j=1}^{k} p_j$$
$$+ \left(\frac{\sum_{j=k+1}^{m} t_j \cdot p_j}{\sum_{j=k+1}^{m} p_j} - \sum_{j=1}^{m} t_j \cdot p_j \right)^2 \cdot \sum_{j=k+1}^{m} p_j$$
$$+ \left(\frac{\sum_{j=m+1}^{l} t_j \cdot p_j}{\sum_{j=m+1}^{l} p_j} - \sum_{j=1}^{l} t_j \cdot p_j \right)^2 \cdot \sum_{j=m+1}^{l} p_j \qquad (8.24)$$

自适应阈值 Canny 算法的流程图如图 8.8 所示。

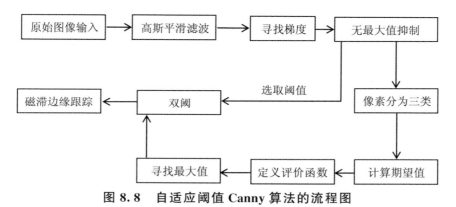

图 8.8　自适应阈值 Canny 算法的流程图

8.3　本章小结

　　本章阐述了两轮割草机器人的边缘识别技术，对这四种边缘识别技术的实现过程和得到的结果进行了较详细的分析，为下一章两轮割草机器人草地纹理分割技术的研究奠定了基础。

第9章 两轮割草机器人草地纹理分割技术研究

9.1 眼睛感知特性

人体对外界感知需要靠多种器官的工作,其中,眼睛是人体获取外界信息的重要生物器官,眼睛的工作在协调各项人体机能方面处于至关重要的地位。眼睛借助于构成结构的精密、特殊的成像原理、高精度的视觉采集能力对人类的进化发展起到了大力的推动作用。在所有对外界的信息感知中,视觉的占比达到了80%,其占比大幅度地超过了其他的感知器官。眼睛的结构形状接近于一个圆球形的玻璃体。当人眼观察物体时,物体反射的光线透过晶状体折射到位于后壁的视网膜上,视网膜上的高光敏细胞接收到光信号后产生经过视觉神经传导的电信号,电信号中包含的是视觉信息,具体包括观察到的形状、颜色、位置等,大脑接收这些信号后,就对外界的环境有更多的感知。人眼视觉系统(Human Visual System,HVS)不同于一般光学系统,还受神经的控制,该系统一般应用于图像处理的环节,在该环节中其常用于接收采集到的信息,是评价图像的重要一环。图像的边缘识别对图像采集的环节很关键,特别是纹理的位置特征。眼球的视觉信息采集是依据带通性线性系统的特性对信号进行加权求和运算,其采集信息类似于自带一个带通滤波器,接受者视觉系统中对边缘的感知更敏锐。在这个特点的基础上,人眼视觉系统更容易察觉边缘位置的变化,反而不能注意边缘的灰度误差等特性。

9.2 根据灰度共生矩阵算法提取分界线

人眼视觉系统的工作模式大概可以总结为如下顺序:人眼接收到图像纹理分割后的结果时,视觉系统会自动对图像进行处理;图像规划出两个特征不同的分区;图像中黑色占比较大的分区与黑色占比较小的分区;在两个分区间做分界线。如此便完成了分区的工作,依据此特性,设计一种对灰度共生矩阵的分界线的提取方法,将草地已割草与未割草区域区分出来,提取方法如下。

9.2.1　工作区域区分

应当判别出未割草区域在图像中的大致位置，割草机器人获取到的图像信息中，未割草区域在图像信息中的分布主要分为两个位置：一种使割草机器人的作业顺序为从左向右，这种工作方式下未割草分区的位置在图像的右方；另一种情况下，割草机器人从右向左作业，这种工作方式下未割草分区的位置在图像的左方。两种分布位置情况下图像的左右部分会有较大的差异，为了解决这个问题，先将图像分为左右两部分，再计算出两分区中黑色像素点的数量；在左侧黑色像素点个数较多时，可以判定未割草区域为右侧，如图 9.1 所示；在右侧黑色像素点个数较多时，可以判定未割草区域为左侧。

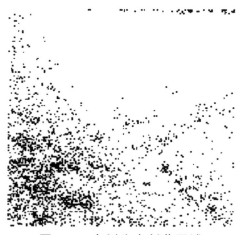

图 9.1　右侧为未割草区域

9.2.2　提取分界线

通过人眼对灰度二值图观察，观察者大致思考就能得出未割草位置的区域，进而得出一条大致的分界线，将割草与未割草区域分割开来。在这个判定过程中，人眼视觉系统的工作主要是根据黑色像素点的数量和分布划出分界线。当黑色像素点聚集在图像中的某一块位置，此时便得出该区域是未割草区域，进而可以判定分界线位于该区域外侧。然而黑色像素点并不全部集中在一块区域，存在部分黑色像素点有利于主要集中区域，为分界线的提取制造了一定的困难。为此，依托人眼视觉系统对图像分界的大概原理，提出了对二值图像提取分界线的算法。其主要步骤为：

第一步，为了拟合出分界线，需要对应地找到每一行的分割点。因此，在分割点的提取时找到一种等宽分割的方法,将全部图形依次遍历。将处理得到的灰度二值图等宽分割成预设数量的条形图像,横条的宽度为 H/n,结果如图 9.2 所示。

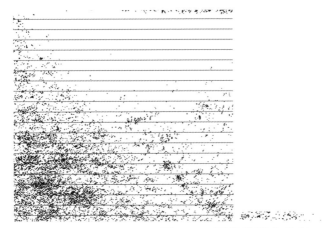

图 9.2　图像的等宽分割

在上述等宽分割的条形图片中选择一条,统计出该条形图像中的黑色像素点数量 N_b。根据图像的长度 N 和分割的宽度 L 计算得到该条形图像中黑色像素点的比例为 P。其中:

$$P = \frac{N_b}{N \cdot L} \tag{9.1}$$

第二步,得出条形图像中黑色像素点占有比例 P 后,确定遍历器的大小,其中暂定:

$$T = P \cdot N \tag{9.2}$$

随后从当前横条第一列像素点开始,以 T 为单位长度,每次向右移动一个像素点并确定遍历器大小后,以 T 为单位长度,从左向右统计每一个遍历器中的像素点数量。当统计结束后,比较得出所有遍历器中黑色像素点数量最多的遍历器 IMAX,如图 9.3 所示。

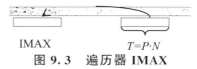

IMAX　　　　　　　　$T = P \cdot N$

图 9.3　遍历器 IMAX

第三步,依据前面的未割草区域的判定结果,在草地的未割草区域是左侧位置时,就选择遍历器 IMAX 右边缘线中心为该条形图像的分界点;在未割草区域是右侧位置时,就选择遍历器 IMAX 左边缘线中心为该条形图像的分界点。

第四步,循环上述步骤,直到全部条形图形都统计出对应的分界点,将所有分界点连接起来就是要求的分界线。

9.3 验证分析

9.3.1 分割步长 L 的确定

人眼视觉系统在处理纹理信息时的逻辑主要是对纹理走向的概括判断,根据图像纹理变化的趋势分析出纹理跳变的分界线从而断定纹理分界线的位置。其中,特殊像素点的出现不会对分界线的划分产生影响。在此理论基础上,对条形图像的分割步长 L 进行确定时,由于太过狭窄从而将分界点的选择向精细方向发展并不是没有弊端的,狭窄的 L 虽然从理论上能提高分割点的精度,但是并不利于分界线的拟合,如图 9.4 所示。

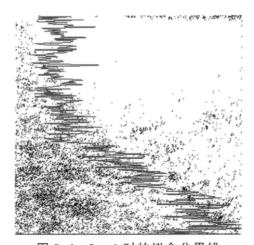

图 9.4 $L=1$ 时的拟合分界线

从上图结果能够看出,$L=1$ 时,虽然能够更细致地得出分割点的位置,但是分界点的拟合效果并不理想。因为在处理过的图像中存在一些干扰点,如杂草、枯叶碎片、小昆虫等。在人眼视觉系统判定分界线的流程中,这些干扰点因零散地分布于不连续位置而被进行排除处理。类似的,在提取分界线的过程中,通过增加条形图像的分割步长 L 排除干扰点对处理结果的影响,而且能够将分界线处理得更加平滑,提高做割草机器人轨迹规划时的质量。

　　因图像的尺寸并不统一，直接将分割步长 L 用作运算参数的复杂度太高。因此，提出等分形式等宽分割图像的方法，把目标图像分割成数量为 U 的条形图像。在改变等分数 U 的同时，改变分割步长 L 的值。本书选择 $U=5$，$U=10$，$U=25$，$U=50$ 四个主要参数依次做分界线拟合操作，分别对分界线的真实性、复杂性等进行多角度评价，得出最合适的图像分割等分数 U。四个参数对应的结果如图 9.5 所示。

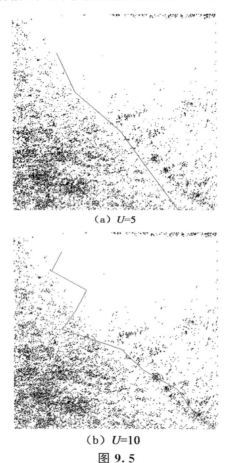

（a）$U=5$

（b）$U=10$

图 9.5

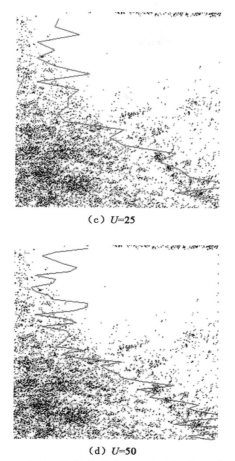

（c）$U=25$

（d）$U=50$

图 9.5　不同分割等分数 U 的分界线拟合效果

　　经过对上述四张结果图的对比，能够得出以下结论：U 值的改变能够明显地改变分界线的拟合效果，当 U 值增大时条形图像的数量增多，能够得出更多的分界点。当 U 值在 5～10 范围内时，由于分割个数过少，不能将未割草区域的边界特征细致地表现出来；当 U 值在 25～50 范围内时，产生分割点数量过多，虽然在细节表现上更好地表现边缘特征的准确性，然而从宏观的角度来看，分界线的平滑度太低，不能明显地展示出边缘的走势，不利于后续轨迹规划的执行。综上所述，为了兼顾分界线的真实性，同时，提高分界线的平滑度为后续轨迹规划做准备，采用 $U=10～25$ 的数值进行条形分割。

9.3.2　选择历遍器长度 T

分界线拟合的过程中,必然会涉及历遍器长度 T 选择的问题。假设条形图像的黑色像素点的分布为理想状态,同时,其中没有离散点的分布,如图 9.6 所示。那么选择的历遍器 IMAX 便可以包含所有当前条形图像中的黑色像素点,IMAX 的位置恰好位于像素点最集中的区域。

IMAX

图 9.6　理想化像素点分布图

在实际处理过程中,不一定会出现理想的状态,大多数情况下都会有离散像素点的存在,条形图像的分布有不规则性。在条形图像中黑色像素点的占比约为 30% 的情况下,选择原来的历遍器长度 $T = P \cdot N$ 参数作为算子,其运算结果必然会产生较大的误差,如图 9.7 所示。

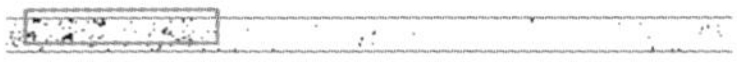

IMAX

图 9.7　离散像素点分布图

从图 9.7 能够发现,若采用原先的历遍器长度,在黑色像素点离散分布且分布不规则时,IMAX 的位置选择会向黑色像素点聚集的区域移动。因为图像做灰度等处理后,杂质点等黑色像素点被清除,这种情况下分割点的位置并不是黑色像素点最密集的位置,而应该是黑色像素点最先出现的地方。普通长度的历遍器无法完全包含全部边缘特征。其原因在于黑色像素点分布的不规则性,真实的边缘特征区域常常会比普通历遍器长度 T 大一些。在这种情况下,必须对历遍器大小的确定策略做相应的改进。主要有两种对应异常问题的改进算法。

9.3.2.1　增加固定长度

对历遍器长度做适当的改变,$T = (P + t) \cdot N$,使历遍器的计算改变一个 t 的长度,其中,t 的大小为 $0 \sim 0.3$ 的数值。改变计算方法后的效果如图 9.8 所示。

对上述结果的分析可知,在历遍器大小不调整的情况下,得出的拟合分割线明显有误差存在,得出的结果与真实的分割位置明显不符。从图像分割线拟合的结果能直观地看出在正确分割位置的右方(当未割草区域在右侧时,向左侧偏移)。通过对四张分界线拟合图分析,能够明显地得出,在参数 t 值增加的同时,分界线的拟合结果也离真实分割位置更近。在进行大量取值运行试验的情况下,认为 t 在 0.3 左右时拟合出的分界线最接近真实分割位置。当历遍器长度继续增加时,过多地判定像素点的离散性也会降低分界线的准确度(当未割草区域在左侧时,分界线会向右侧偏移)。

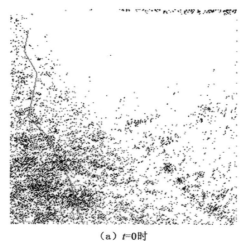

(a) $t=0$ 时

(b) $t=0.1$ 时

图 9.8

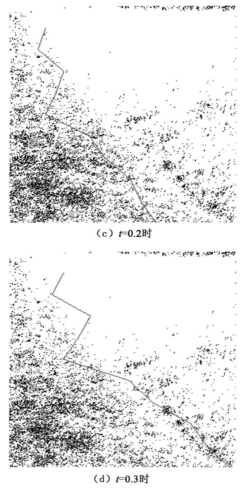

（c）t=0.2时

（d）t=0.3时

图 9.8　不同 t 值的分割线拟合效果图

9.3.2.2　动态增加

采用定量地增加 t 值改善分界线的拟合效果的方法虽然效果明显，但算法的局限性决定了拟合结果必然会失真。若条形图像的黑色像素点比例增加后，其中的黑色像素点也必然会有更高的密集度，因此，应降低离散率。这种情况下，轮廓遍历器的步长恰好是分界点与起始点的距离；当黑色像素点比例降低后，其中的黑色像素点也必然有更低的密集度，因此，提高离散度。这种情况下，遍历器的步长便不能代表分界点与起始点的距离。因此可以得出结论：条形图像内黑色像素点的数量增加的同时，其在条形图像的占比也会增加,黑色像素点的密集度提高,分界点拟合效果提高,但在密集度大于一定值时,随着密集程度的提高,分界点拟合效果反而会降低。因此,提出了历遍器长度在像素密度改变的同时变化的动态增加方法。

若黑色像素点占比 $P \leqslant 0.025$,此时可以认为条形图像中的黑色像素点全部是干扰点。不做历遍器计算,此时的分界点默认是图像的边界。

若黑色像素点占比 $0.25 < P \leqslant 0.1$,此时条形图像中的黑色像素点占比依然很少,黑色像素点的离散性很低,同时目标图像中的边缘不可能有较大程度的跨越,所以只需要对历遍器大小增加较少数值即可。

若黑色像素点占比 $0.1 < P \leqslant 0.4$,此时黑色像素点占比增大,密集度变大,目标图像的离散性明显增加。当黑色像素点占比在此范围时,其在图像中的离散性增强,此时需要对历遍器步长做较大改动。

若黑色像素点的占比 $0.4 < P \leqslant 0.6$,此时黑色像素点的占比相对来说已经高了很多,密集度达到最大值,图像的离散性变小,此时只需要对历遍器大小增加较少数值即可。

当黑色像素点占比 $P > 0.6$,此时黑色像素点的占比极高,离散性几乎为零,所以此时选择常规历遍器步长 T,不需要增加。

总结上述对占比分区改变历遍器的方法,公式为:

$$\begin{cases} P \leqslant 0.025 & T_1 = 0 \\ 0.025 < P \leqslant 0.1 & T_1 = (P + 0.1) \times N \\ 0.1 < P \leqslant 0.4 & T_1 = 2 \times P \times N \\ 0.4 < P \leqslant 0.6 & T_1 (P + 0.1) \times N \\ P > 0.6 & T_1 = P \times N \end{cases} \tag{9.3}$$

实验效果如图 9.9 所示。

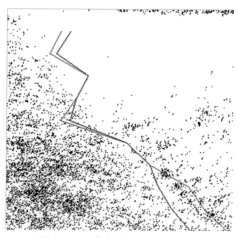

图 9.9　动态增加法效果图

对比图 9.8 四张分界线拟合效果图,能够清晰地发现动态增加法对黑色像素点较多和较少区域都有不同程度的偏移。所以动态增加法在黑色像素点稀疏区和密集区都改变历遍器步长,获得更好的拟合效果,分隔点的取值离黑色像素点居中区域更接近,更加地靠近真实的分割点。采用动态增加法,能够进一步提高分界线拟合的准确性。

9.4　分界线的映射

在对图像的特征值,进行遍历窗口以及灰度等处理后,得出图像的二值图,并得到最终的处理图像。选择条形图像等分数 $U=10$,遍历器步长选择动态增加,经过分界线提取算法得到图像中每个条形图像的分界点,并拟合出最终的未割草分界线,再将分界线映射到原图中,如图 9.10 所示。能够清晰地分辨出割草区域在分界线的一边,能够成功地将草地中的干扰源排除,同时分界线划分的精确度也得到了提高。不过,灰度共生矩阵也具有局限性,不能对距离较远的图像做有效的处理,不能在远处草地的分割上具有较好的稳定性和精确度。

把上述算法应用于不同的草地图像,观察该算法对不同应用场景的适应性。对比不同的结果图片,能够清晰地观察到处理结果的不同之处。在草地中目标草种形状较为细长、种植密度高的情况下,其边缘特征值提取较困难,分界线提取效果也不理想,提取结果有明显的误差。而对于草种的叶片较为粗大、种植密度较低的草地,由于纹理存在较大差异,图像分割结果

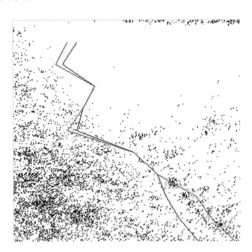

图 9.10 分界线对应到原图

明显,所以得到的拟合分界线效果较好。不仅上述参数,其他条件的改变也会对分界线拟合结果产生较大影响,如光线、距离、角度等,对其他的情况还需要做更深入的研究。

9.5 本章小结

本章先对图像做灰度二值化等处理,得出有效的图像,在人眼视觉系统对二值图的判别原理的基础上,提出一种基于二值图的分界线提取方法。在对二值图中黑色像素点的统计后,根据其数量的占比等分析结果确定未割草分区在图像中的位置,再将图像分割为一定数量的条形图,以此提出分割点并拟合分界线。

在分界点确定的计算中,统计当前条形图像中黑色像素点聚集区域位置,进而确定分界点。在对历遍器增加方式的研究中,提出两种历遍器步长的增加方式,根据对两种增加方法的实验结果对比,分别分析固定增加和动态增加两种增加方法的优缺点。最终选择的动态增加法的应用为处理密集区域的离散性这一难点提供了有效的帮助,同时也提高了分界点的判定精度,对分界线的拟合做出了较大的贡献。

第10章　两轮割草机器人的控制优化研究

割草机器人的运动控制优化问题主要是对规划轨迹的跟踪控制研究,其发展的方向主要在于割草机器人的轨迹跟踪以及割草机器人的路径跟踪问题。对路径跟踪这一重点问题本书做了大量的研究,同时也对轨迹跟踪控制做了一定的研究,探讨了反馈镇定控制的研究。

10.1　引言

割草机器人的控制是一个相对复杂的问题,其中要设计的不仅仅是车体的前进和转向的动力学研究,同时还会受到机械误差的影响;车体质量的大小会对车体的惯性大小产生影响,也是运行研究的问题;还有就是割草刀片工作时的力也必然对车体控制产生干扰,其他如轮胎气体压力与车轮接触受力等问题都直接或间接地影响着割草机器人的动力学模型的构建,所以要控制割草机器人在较理想的状态并不是一个简单的问题。割草机器人是非线性强耦合系统,若要有效地控制其运动,必定需要建立一个与其特性相符合的数学模型。割草机器人的驱动借助的是四轮驱动,其运动方式并不是单一的方向,不仅有直线的运动方式,而且割草机器人还能够控制两个车轮的速度实现曲线轨迹的运动。控制割草机器人的运动轨迹,主要是通过控制车轮线速度的差值。改变车轮线速度的差值,割草机器人的运动方向则是曲线。将割草机器人的两种运动方式的切换原因——两轮线速度不同作为切入点,将其假设为两轮驱动结构,且车体的质心在左右轮轴线上。如图 10.1 所示。

将工作区域设为坐标 XOY,将割草机器人重心 P 设为原点,设车体坐标系 xoy,对割草机器人的工作情况做详细的分析,割草机器人的状态信息可以通过其位置和转角确定。其中,位置信息由 XY 表示,车体的转角信息由 θ 来表示:

$$q = \begin{bmatrix} X & Y & \theta \end{bmatrix}^{\mathrm{T}} \tag{10.1}$$

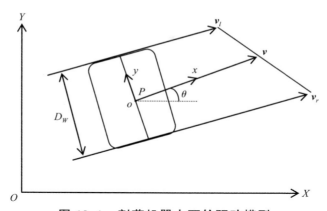

图 10.1　割草机器人两轮驱动模型

机器人车体上的运动坐标系 xoy 相对于固定坐标系 XOY 的旋转变换矩阵 $R(\theta)$ 为：

$$R(\theta) = \begin{bmatrix} \cos\theta & \sin\theta & 0 \\ -\sin\theta & \cos\theta & 0 \\ 0 & 0 & 1 \end{bmatrix} \tag{10.2}$$

如图 10.1 所示的系统模型是(2　0)型的非完整系统，在非完整约束情况下，割草机器人的运动方向被限制在驱动轮轴处置方向，此时割草机器人达到滚动无滑动的要求。如图 10.2 所示为单个车轮受约束的情况。

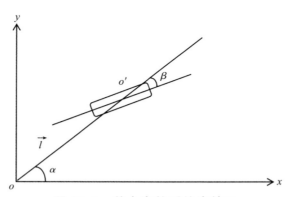

图 10.2　单个车轮受约束情况

若割草机器人作业时车轮与地面夹角是 $90°$,同时割草机器人与草坪的摩擦力集中在一点,l 为车轮中心 o' 到机器人自身坐标系 xoy 原点的距离,α 为 $\vec{l}$ 与 x 轴夹角,β 为车轮旋转平面与 $\vec{l}$ 的夹角,车轮绕其轴的旋转角为 $(\alpha + \beta)$,半径为 r,此时车轮的运动平面和垂直平面的运动公式为:

$$[-\sin(\alpha+\beta)\cos(\alpha+\beta)l\cos\beta]R(\theta)\dot{q} + r\dot{\psi} = 0 \qquad (10.3)$$

$$[\cos(\alpha+\beta)\sin(\alpha+\beta)l\sin\beta]R(\theta)\dot{q} = 0 \qquad (10.4)$$

通过式(10.3)能够得出结论,割草机器人与草坪可以认为是只有滚动摩擦力,此时割草机器人与草坪的相对速度为 0;通过式(10.4)能够得出结论,割草机器人与草坪可以认为是没有滑动摩擦力,此时割草机器人与草坪的滑动摩擦力为 0,割草机器人的重心处的运动模型可以简化为:

$$\dot{Y}\cos\theta - \dot{X}\sin\theta = 0 \qquad (10.5)$$

包含非完整约束的智能割草机器人可以看成缺乏驱动的非完整系统,也是一个无漂移的零动力学系统,此类系统可从向量场的角度,将具有非完整约束的位形空间转化为由向量场 g_1,g_2 组成的分布式自由空间,而 Lie 代数中向量场 f,g 产生的 Lie 括号为:

$$[f,g] = \frac{\partial g}{\partial q}f - \frac{\partial f}{\partial q}g \qquad (10.6)$$

10.2　运动控制描述

非完整系统在应用中可从局部或全局看作普通的链式系统,其中 n 维一般链式可表示成如下形式:

$$\dot{X}_1 = u_1, \dot{X}_j = X_{j+1}u_1, \dot{X}_n = u_2 \qquad (2 \leqslant j \leqslant n-1) \qquad (10.7)$$

$U = [u_1 \ u_2]^T$ 为系统输入。割草机器人的运动控制问题中,轨迹跟踪问题通常由割草机器人小车跟踪虚拟参考小车来运行,假设要跟踪的期望轨迹 $D = [D_1, \cdots, D_n]^T \in P^n$,假设 D 能够通过如下虚拟参考系统产生:

$$\dot{D}_1 = w, \dot{D}_j = D_{j+1}w_1, \dot{D}_n = w_2 \qquad (2 \leqslant j \leqslant n-1) \qquad (10.8)$$

且满足如下假设:$D_3, \cdots, D_n$ 有界,$W = [w_1 \ w_2]^T$ 及 w 有界,且当 $t \rightarrow +\infty$ 时,$w_1 \not\rightarrow 0$,则式(10.8)表示的机器人系统的轨迹跟踪是设计控制律 U。通过对轨迹跟踪描述的分析,能够发现割草机器人的跟踪对象应当是与其具有相同运动结构的目标的运动轨迹。

机器人的反馈控制描述为:$\forall X_o, X_d \in \Gamma, \exists U(X,t): R^n \times R \rightarrow R^m$ 使系统状态在有限时间内从 X_o 收敛到 X_d,割草机器人系统为三阶链式模型,$[X_1 \ X_2 \ X_3] = [X \ Y \ \theta] = q^T$,该模型具有非完整性约束特性的运动学方程。

$$[\dot{X} \ \dot{Y} \ \dot{\theta}] = [\nu \ \omega] \begin{bmatrix} \cos\theta & \sin\theta & 0 \\ 0 & 0 & 1 \end{bmatrix} \qquad (10.9)$$

式中,ν,ω 分别为机器人平移和转动速度,$U = [u_1 \ u_2] = [\nu \ \omega]$。因此,割草机器人的轨迹跟踪的工作是对具有期望位姿 $[X_r, Y_r, \theta_r]$ 和期望速度 $[\nu_r, \omega_r]$ 的虚拟目标点的跟踪。

取 $\boldsymbol{P}=[x_e\ y_e\ v_e]$ 为机器人期望位姿与当前位姿的误差，在 xoy 坐标系内，割草机器人的位姿误差微分方程如下：

$$\dot{\boldsymbol{P}}=[\dot{x}_e\quad \dot{y}_e\quad \dot{\theta}_e]=[v\quad \omega]\begin{bmatrix} -1 & 0 & 0 \\ y_e & -x_e & -1 \end{bmatrix}+[v_r\quad \omega_r]\begin{bmatrix} \cos\theta_e & \sin\theta_e & 0 \\ 0 & 0 & 1 \end{bmatrix}$$

$$(10.10)$$

机器人运动轨迹跟踪所做的工作，可以大致地表示成寻求反馈控制律 $\boldsymbol{U}=[v\quad \omega]$，使得在任意初始误差情况下，式（10.9）在该控制律作用下位姿误差 $\boldsymbol{P}$ 有界，且 $\lim \boldsymbol{P}=0$。

在虚拟目标点不再运动时，即 $v_r=\omega_r=0$，割草的机器人轨迹跟踪研究便等价于镇定问题，镇定模型如下：

$$\dot{\boldsymbol{P}}=[v\quad \omega]\begin{bmatrix} -1 & 0 & 0 \\ y_e & -x_e & -1 \end{bmatrix}$$

$$(10.11)$$

光滑的静态反馈控制仅仅是把割草机器人镇定至平衡流形，所以镇定反馈控制反而比轨迹跟踪控制问题复杂度更高。

10.3　割草机器人的非完整动力学跟踪控制

10.3.1　跟踪控制的动力学模型

前面的轨迹跟踪主要研究的是割草机器人的运动学模型，U 将速度用于控制的输入，然而真正输入割草机器人控制模型的是电动机驱动力矩。割草机器人跟踪控制应将运动学部分的级联系统也包含在内，这样才能将动力学模型构建得更加完备。

$$\begin{cases} \dot{q}=g_1(q)u_1+g_2(q)u_2 \\ \dot{u}_1=\tau_1 \\ \dot{u}_2=\tau_2 \end{cases}$$

$$(10.12)$$

式中，τ_1,τ_2 是电动机力矩的齐次量。所以将割草机器人的动力结构看作三个部分：左、右车轮和车身，借助 Newton-Euler 法分析割草机器人的动力学特性，构建其非完整系统的动力学模型。如图 10.3 所示为割草机器人右车轮和车身的受力分析。

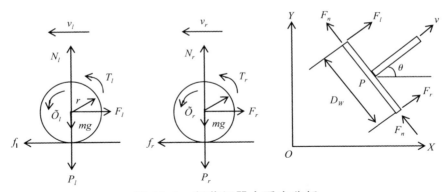

图 10.3　割草机器人受力分析

图中对应符号含义如下：

f_l、f_r 分别为地面对左轮和右轮的圆周摩擦力；T_l、T_r 分别为左、右轮驱动力矩；P_l、P_r 分别为左、右轮受到的法向载荷；F_l、F_r 分别为车身对左、右轮的作用力；v_l、v_r 分别为左、右轮中心的平均速度；$\tilde{O}_l$、$\tilde{O}_r$ 分别为左、右轮的角速度；$\ddot{\varphi}_l$、$\ddot{\varphi}_r$ 分别为左、右轮的角加速度；J_e 为车轮对轮心的转动惯量；m 为车轮质量；M_p 为机器人的车身质量；J_p 为车身相对于质心 P 的转动惯量；r 为车轮半径；F_n 为地面对车轮侧向摩擦力引起的力；D_w 为左右轮间距。

图 10.3 中左轮的 Newton-Euler 方程为：

$$
\begin{cases}
f_l - F_l = m\dot{v}_l \\
T - f_l r = J_e \ddot{\varphi}_l \\
v_l = r\dot{\varphi}_l
\end{cases}
\tag{10.13}
$$

同理，可知右轮关系式为：

$$
\begin{cases}
f_r - F_r = m\dot{v}_r \\
T_r - f_r r = J_e \ddot{\varphi}_r \\
v_r = r\dot{\varphi}_r
\end{cases}
\tag{10.14}
$$

在固定坐标系 XOY 中车身的 Newton-Eule 方程为：

$$
\begin{cases}
(F_r + F_l)\cos\theta + 2F_n \sin\theta = M_p \ddot{X} \\
(F_r + F_l)\sin\theta - 2F_n \cos\theta = M_p \ddot{Y} \\
\dfrac{D_w}{2}(F_r - F_l) = J_p \ddot{\theta}
\end{cases}
\tag{10.15}
$$

左右两轮的角速度满足：

$$
\begin{cases}
\varphi_l = \dfrac{2v - D_w}{2r} \\
\varphi_r = \dfrac{2v + D_w}{2r}
\end{cases}
\tag{10.16}
$$

两轮的平移加速度与 P 点处加速度的关系如下：

$$\begin{cases} \dot{v}_r - \dot{v}_l = D_w\ddot{\theta} \\ \dot{v}_r + \dot{v}_l = 2(\ddot{X}\cos\theta + \ddot{Y}\cos\theta) \end{cases} \tag{10.17}$$

总结式（10.13）～式（10.17）可知割草机器人动力学方程如下：

$$M(q)\ddot{q} = C(q,\dot{q}) + B(q)\tau + F \tag{10.18}$$

其中，

$$M(q) = \begin{bmatrix} [M_p r^2 + 2(J_e + mr^2)\cos^2\theta]lr & 2(J_e + mr^2)\sin\theta\cos\theta/r \\ 2(J_e + mr^2)\sin\theta\cos\theta/r & [M_p r^2 + 2(J_e + mr^2)\cos^2\theta]l \\ 0 & 0 \end{bmatrix}$$

$$\begin{bmatrix} 0 \\ 0 \\ [2J_p r^2 + D_w(J_e + mr^2)]/2r^2 \end{bmatrix}$$

$$C(q,\dot{q}) = \begin{bmatrix} \dfrac{2}{r}(J_e + mr^2)\dot{\theta}\sin\theta\cos\theta & -\dfrac{2}{r}(J_e + mr^2)\dot{\theta}\cos^2\theta \\ \dfrac{2}{r}(J_e + mr^2)\dot{\theta}\sin^2\theta & -\dfrac{2}{r}(J_e + mr^2)\dot{\theta}\sin\theta\cos\theta \\ 0 & 0 \end{bmatrix}$$

$$F = \begin{bmatrix} 2F_n r\sin\theta \\ -2F_r r\cos\theta \\ 0 \end{bmatrix} \quad B(q) = \begin{bmatrix} \cos\theta & \cos\theta \\ \sin\theta & \sin\theta \\ \dfrac{D_w}{2r} & \dfrac{D_w}{2r} \end{bmatrix} \quad \tau = \begin{bmatrix} T_r & T_l \end{bmatrix}^T$$

Campion 指出对具有运动学方程

$$\dot{q} = S(q)\eta \tag{10.19}$$

和动力学方程

$$M(q)\ddot{q} = C(q,\dot{q})\dot{q} + B(q)u + F \tag{10.20}$$

的系统，若满足 $ST(q)B(q)$ 为满秩方阵，且 $ST(q)M(q)S(q)$ 非奇异，则存在反馈变换：

$$u = (S^T B)^{-1}S^T\left[MS\zeta + M\left(\frac{\partial S}{\partial q}S\eta\right) - C - F\right] \tag{10.21}$$

ζ 为中间控制变量，使得动力学模型可简化为：

$$\eta = \zeta \tag{10.22}$$

式中，η 为速度控制向量；q 为位姿状态变量；$S(q)$，$M(q)$，$C(q,\dot{q})$，$B(q)$ 为系数矩阵；F 为常数矩阵；u 为力矩控制向量。很明显，机器人运动学方程式（10.18）与式（10.19）、式（10.20）结构相同，比较得

$$\eta = \begin{bmatrix} v \\ \omega \end{bmatrix}, u = \tau = \begin{bmatrix} T_r \\ T_l \end{bmatrix} \tag{10.23}$$

所以，能够将割草机器人跟踪控制的动力学模型简化成如下模式：

$$\begin{bmatrix} \dot{v} \\ \dot{\omega} \end{bmatrix} = \begin{bmatrix} \zeta_1 \\ \zeta_2 \end{bmatrix} \tag{10.24}$$

10.3.2　利用后退方法的跟踪控制

后退方法把复杂非线性系统细分成在系统阶数内的子系统,接着将所有子系统都设计部分 Lyapunov 函数和中间虚拟控制量,直到"后退"到全部系统把它们集成起来以达到系统控制器的设计目标。后退设计方法的优点在于,不用对非线性系统进行线性化操作,后退方法是基于系统的递推设计方法,所以能够达到全局稳定特性目标。

在割草机器人简化后的动力学模型基础上,推算出轨迹跟踪的误差方程动力学形式如下:

$$\begin{cases} \dot{P} = f(P) + \eta \cdot g(P) \\ \dot{\eta} = U \end{cases} \tag{10.25}$$

其中,

$$f(P) = [v_r \cos\theta_e \quad v_r \sin\theta_e \quad \omega_r], g(P) = \begin{bmatrix} -1 & 0 & 0 \\ y_e & -x_e & -1 \end{bmatrix}$$

$$\eta = [v \quad \omega], U = [u_1 \quad u_2]$$

首先,对式(10.24)表示的子系统,设计部分 Lyapunov 函数:

$$V_0 = \frac{1}{2}(x_e^2 + y_e^2) + \frac{1-\cos\theta_e}{K_y} \tag{10.26}$$

利用该 Lyapunov 函数设计反馈跟踪控制律为:

$$U_0 = [v_0 \quad \omega_0] = [v_r \cos\theta_e + K_x x_e \quad \omega_r + v_r(K_y y_e + K_\theta \sin\theta)] \tag{10.27}$$

若满足 $v_r > 0, v_r, \omega_r$ 连续有界,正参数 K_x, K_θ 有界,则 $\dot{V}_0 \leqslant 0$,则在控制律(10.27)作用下子系统一致渐近收敛于 $P = 0$。

证明:$V_0 \geqslant 0$,当且仅当 $x_e = y_e = \theta_e = 0$ 时,$V_0 = 0$,

$$\begin{aligned} \dot{V}_0 &= x_e \dot{x}_e + y_e \dot{y}_e + \sin\theta_e \dot{\theta}_e / K_y \\ &= x_e(-v + y_e\omega + v_r\cos\theta_e) + y_e(-x_e\omega + v_r\sin\theta_e) + \sin\theta_e(\omega_r - \omega)/K_y \\ &= -K_x x_e^2 - \sin^2\theta_e v_r K_\theta / K_y \leqslant 0 \end{aligned}$$

证毕。

下一步,根据中间虚拟控制量 U_0 后退到全部系统,当下的虚拟控制量取 η,且满足 $\eta = Z + U_0$ 为误差变量,由式(10.24)表示的非线性系统可表示如下:

$$\dot{P} = f(P) + U_0 \cdot g(P) + Z \cdot g(P) \tag{10.28}$$

然后,将部分 Lyapunov 函数对 P 求导,则有

$$\dot{V}_0 = \dot{P} \cdot \frac{\partial V_0}{\partial P} = [f(P) + U_0 \cdot g(P)] \frac{\partial V_0}{\partial P} + Z \cdot g(P) \cdot \frac{\partial V_0}{\partial P} \tag{10.29}$$

通过子系统控制律的稳定性得出:

$$\dot{V}_0 = [f(P) + U_0 \cdot g(P)] \frac{\partial V_0}{\partial P} \tag{10.30}$$

结合式(10.29)和式(10.30)可以看出,当 Z 收敛至零时,$\dot{V}_0$ 便可对 P 负定,整个系

统的 Lyapunov 函数应包含 V_0 和 Z，因此整个系统的 Lyapunov 函数取为：

$$V = V_0 + \frac{1}{2} ZZ^{\mathrm{T}} \tag{10.31}$$

最后，"后退"至整个系统，设计控制律为：

$$U = [u_1 \quad u_2] = [v \quad \dot{\omega}] = -KZ + U_0 - \left[\frac{\partial V_0}{\partial P}\right]^{\mathrm{T}} [g(P)]^{\mathrm{T}} \tag{10.32}$$

其中，

$$Z = [v - v_r \cos\theta_e - K_x x_e \quad \omega - \omega_r - v_r(K_y y_e + K_\theta \sin\theta_e)] \tag{10.33}$$

证明：$V = V_0 + \dfrac{1}{2}ZZ^{\mathrm{T}} \geqslant 0$，当且仅当 $P = 0$，$Z = 0$ 时，$V = 0$；

$$\dot{V} = V_0 + \dot{Z}Z^{\mathrm{T}}$$

$$= [f(P) + U_0 g(P)]\frac{\partial V_0}{\partial P} + Z \cdot g(P) \cdot \frac{\partial V_0}{\partial P} + (U - \dot{U}_0)Z^{\mathrm{T}}$$

$$= [f(P) + U_0 g(P)]\frac{\partial V_0}{\partial P} + Z \cdot g(P) \cdot \frac{\partial V_0}{\partial P} +$$

$$\left(-KZ + \dot{U}_0 \left[\frac{\partial V_0}{\partial P}\right]^{\mathrm{T}} [g(P)]^{\mathrm{T}} - \dot{U}_0\right)Z^{\mathrm{T}}$$

$$= \left[[f(P) + U_0 g(P)]\frac{\partial V_0}{\partial P} - KZZ^{\mathrm{T}}\right] \leqslant 0$$

10.3.3　考虑扰动情况时的轨迹跟踪研究

割草机器人的工作，其动力学特性不仅会被环境因素干扰，同时自身刀片运动时的动力干扰也会对其造成影响，这些问题的干扰也要被考虑在内。为此，引入两个扰动变量 f_1、f_2，在加入扰动变量的情况下对控制轨迹跟踪进行研究。割草机器人的扰动情况下的运动模型如图 10.4 所示。

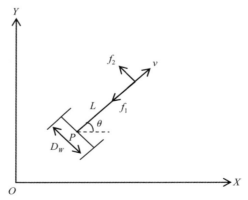

图 10.4　割草机器人扰动情况下的运动模型

两个干扰 f_1、f_2 分别作用于割草机器人前方距离车体 L 处的速度方向和左侧向，干扰 f_1 能够对小车运行速度产生直接影响，干扰 f_2 可对小车运动方向产生影响。对割草机器人在 $t_0 \sim t$ 时间内车体所受到的两种扰动进行研究，设在 $t_0 \sim t$ 时间内，车体速度变化为 Δv、$\Delta \omega$，则在 t 时刻机器人的平移速度为 $v + \Delta v$，角速度为 $\omega + \Delta \omega$。

由动量及动量矩定理可知：

$$\int_{t_0}^{t} f_1(t) \mathrm{d}t = M_r v(t) - M_r v(t_0) = M_r \Delta v \tag{10.34}$$

$$\Delta v = \frac{1}{M_r} \int_{t_0}^{t} f_1(t) \mathrm{d}t \tag{10.35}$$

$$\int_{t_0}^{t} f_2(t) \mathrm{d}t \times L = J_r \omega(t) - J_r \omega(t_0) = J_r \Delta \omega \tag{10.36}$$

$$\Delta \omega = \frac{L}{J_r} \int_{t_0}^{t} f_2(t) \mathrm{d}t \tag{10.37}$$

式中，$M_r = M_p + 2m$ 为割草机器人的总重量；J_r 为机器人相对于质心的转动惯量。

那么，考虑扰动的轨迹跟踪误差方程的动力学形式如下：

$$
\begin{bmatrix} \dot{x}_e \\ \dot{y}_e \\ \dot{\theta}_e \\ \dot{v} \\ \dot{\omega} \end{bmatrix} =
\begin{bmatrix}
y_e \omega + \dfrac{l}{J_r} \int_{t_0}^{t} f_2(t) \mathrm{d}t - \dfrac{1}{M_r} \int_{t_0}^{t} f_1(t) \mathrm{d}t - v + v_r \cos\theta_e - \omega_r L \sin\theta_e \\
-x_e \omega - L\omega - \dfrac{L^2}{J_r} \int_{t_0}^{t} f_2(t) \mathrm{d}t - \dfrac{L}{J_r} x_e \int_{t_0}^{t} f_2(t) \mathrm{d}t + v_r \sin\theta_e + \omega_r L \cos\theta_e \\
\omega_r - \omega - \dfrac{L}{J_r} \int_{t_0}^{t} f_2(t) \mathrm{d}t \\
u_1 \\
u_2
\end{bmatrix}
\tag{10.38}
$$

$\boldsymbol{U} = \begin{bmatrix} u_1 & u_2 \end{bmatrix}$ 为控制律，控制律的作用体现在，其不仅能够提高割草机器人对规划轨迹的跟踪能力，尽量降低循迹时的误差，同时也能够尽可能降低机器人行进快慢和转向角度两个参数的变化，借助式（10.32）介绍控制律方法，仿真结果见 10.4 节。

10.4　仿真实验与分析

10.4.1　系统线性化的跟踪控制

割草机器人是一种非线性系统，其模型与线性系统有明显的差别，然而在稳定状态情况下，其控制方式与线性化系统是相同的。所以，可以设计一种轨迹跟踪的控制律如下：

$$\boldsymbol{U} = \begin{bmatrix} v & \omega \end{bmatrix} = \begin{bmatrix} x_e & \mathrm{sign}(v_r) y_e - \sqrt{1 + 2|v_r|} \ \theta_e \end{bmatrix} \tag{10.39}$$

在上述控制律的作用下，对直线轨迹 $Y_r - X_r = 0$ 做跟踪仿真实验，取 $\omega_r = 0$，$v_r =$

1m/s,初始位姿取为 [0.1　0　5π/4],其仿真结果如图 10.5 所示,能够从上述运行结果看出,线性化的控制律下割草机器人的循迹效果有明显误差,还能够发现线性控制系统的稳定性只需依靠初始位姿的取值。上述控制律的应用范围十分单一,无法在非稳定状态邻域内使割草机器人轨迹跟踪保持稳定,所以只能将割草机器人的初始位姿放在靠近目标位姿的位置上,同时尽量减少外界扰动的影响。

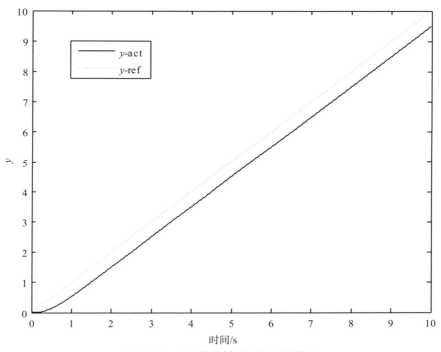

图 10.5　系统线性化的跟踪控制

10.4.2　在后退方法的优化下的轨迹跟踪研究

10.4.2.1　在后退方法的优化下对直线轨迹进行循迹

在后退方法控制律式(10.32)的优化下,继续对线性控制律控制下的轨迹做循迹控制,把初始状态设置成 [0.1　0　5π/4　2　−1],其运行结果如图 10.6 所示,从图中能明显看出在控制律下的控制效果,割草机器人对直线轨迹的跟踪效果较好,能够较准确地完成任务。对比线性化的控制律的控制效果,若设置一样的状态预设值,采用后退方法的割草机器人的运动无需对非线性系统做线性化处理,所以能够得到相对理想的全局稳定特性。

　　同时,还对初始状态 [0.1　0　0　2　－1] 进行仿真。在对仿真结果的分析中可以看出,动力学跟踪控制律控制下的割草机器人跟踪模型具有良好的动态特性,在对两种情况下机器人的运行进行分析可以发现,两者具有相同的轨迹跟踪能力,只是速度方向相反,割草机器人运动模型在此情况下依然能够改变其前进距离和转向大小,然后马上平滑地调整成预设标准。因此能得出结论,割草机器人在控制律式(10.32)的优化下能实现由惯性干扰造成的循迹误差的纠错操作。

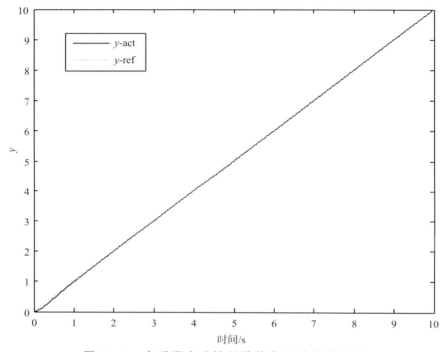

图 10.6　在后退方法控制律优化下的直线循迹

10.4.2.2　在后退方法控制律优化下的圆形循迹

　　在后退方法控制律的控制下,继续跟踪圆轨迹:$X_r^2 + Y_r^2 - 1 = 0$。设置初始状态变量为 [0　0　$\pi/4$　0.5　0.5] ,$\omega = 1\text{rad/s}$,$v = 1\text{m/s}$,运行结果如图 10.7 和图 10.8 所示。从图中得出结论,机器人与预设轨迹和速度存在误差时,在控制律式(10.32)的运行下,割草机器人能够在较短时间内调整车体稳定性,使车体对预设轨迹实现较好的循迹,达到预设轨迹用时约为 3s。通过上述分析,认为割草机器人可以实现圆形循迹任务。

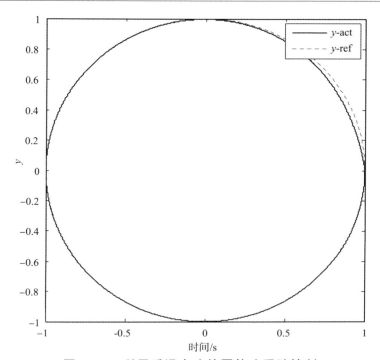

图 10.7　利用后退方法的圆轨迹跟踪控制

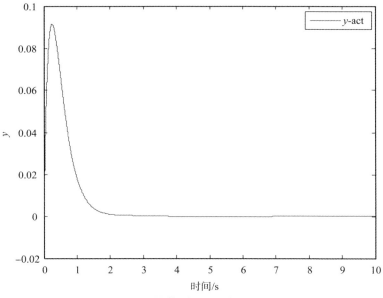

图 10.8　圆轨迹跟踪的误差控制

10.5　本章小结

在本章中,对割草机器人的动力学模型做了详细的分析,把环境因素和机器人可能遇到的一些扰动信息也加入割草机器人的轨迹跟踪内,对其所遇到的环境对其控制的影响做了研究,借助后退方法设计适应于割草机器人作业的控制律,为提高割草机器人的轨迹跟踪能力做出了贡献,使割草机器人具有良好的跟踪特性。

第11章 两轮机器人的轨迹规划

11.1 概述

　　割草机器人的轨迹规划方法必须依靠传感器模块,传感器模块获取周围环境信息以及车体参数,车体参数包括机器人在绿地的坐标位姿,只有获取高分辨率的周围信息才能成功避障和高效率地完成割草作业。如此便要求割草机器人具有较完整的导航控制系统,该系统需要解决的问题有车体的定位、多传感器模块对绿地环境的高精度识别、对障碍物的识别与绕行、对绿地边界的识别以及对规划路径的跟踪运行。当下,割草机器人的开发与研究在国内还处在萌芽阶段,国外对割草机器人的研究已经比较发达。美国某公司开发了一款三轮割草机器人,其驱动轮为后轮。该款割草机器人需要对割草范围事先界定,界定方法为使用电缆对边界采取包围措施,当割草机器人运行时识别到电缆的磁感应信号即认为不可继续前进,继而转向另一方向继续作业。通过这种方法将割草机器人界定在绿地范围内持续进行割草作业,直到割草机器人电源耗尽,停止工作。该款割草机器人对障碍的识别使用的是超声波距离传感器,检测到车体与障碍物距离小于设定值时,机器人立即执行绕行指令,此种方案执行效率低,且无法保证对绿地全区域执行割草作业。该机器人的作业轨迹规划使用的是迂回策略,没有对绿地的全区域覆盖的概念,也无法检测是否全覆盖整个草坪。瑞典某公司推出的另一款机器人工作原理类似,也要求在工作区周围布置电缆,给机器人制造可识别的"虚拟墙"。

　　在这两家公司设计的割草机器人之后,还出现了其他一些类似的割草机器人产品,几乎无一例外都需要设置电缆来界定工作范围。类似的还有一些割草机器人的专利等,这些专利知识改变了识别边界的标志物,将通过磁感线感应边界,改为通过光电表示界定与识别边界。在一些专利中,介绍了一种预设路径并存储到机器人里,割草机器人作业是重复路径实现割草作业的策略。割草机器人的研究不仅是相关产品和控制策略的专利,美国一些大学还对割草机器人的车体研发开展了许多工作。割草机器人的现状主要是使用简单的导航策略,不具备复杂的控制性,所以并不具备复杂的智能程度。将现有的割草机器人研究进行综述,主要方案是设置易识别的工作边界、预设路径等。设置磁感线的劣势主要体现在,破坏绿地环境;若预设的磁感线出现翘起等意外情况时,会发生与割草机器人接触的意外情况,存在安全隐患的情况也不符合相关的安全规定。同时,设置边界的工作也会增加额外的工时与花销,额外花费的时间与金钱都降低了割草机器人的性价比与竞争力。

户外智能机器人包含多学科和多种应用环境,户外机器人的工作环境复杂,控制对象模糊,工作元素不完全、不确定,而且机器人的工作环境常常不是规范化的,只有使用智能控制才能更好地完成预定要求。20 世纪 60 年代左右,自适应和自学习方法的出现,使控制系统的随机特性问题有了新的解决方法。人工智能的启发式规则也在模糊控制方面有了相应的应用。智能控制也分成了三级结构:组织级、协调级和执行级。部分学者提出了专家控制、仿人控制等理论。20 世纪 90 年代初,神经网络的提出使智能控制的发展迈向了新的台阶。20 世纪 90 年代以来,进化计算遗传算法和进化程序设计等先进算法依次出现,这些软计算的出现大力地推动了智能控制的发展,同时也使智能控制有了更清晰的研究方向。割草机器人要实现的是在无人操作的环境下,机器人自动识别相应环境,做出草地轨迹规划以完成割草任务。割草机器人需要处理的是随机出现的未确定环境,不易得到准确的相应数据,基于模糊逻辑与神经网络的算法控制能够处理随机出现的不确定环境,控制模块也只能与割草机器人的部分结果相关。如今机器人存在的问题除了不具备灵活应对环境的能力,还有就是不能自主地处理问题,大部分的机器人只能运行在构建好的环境中,完成规划好的动作,借助"自上而下"实现智能应用调节的目标,此时需要的是对基础环境的完整模型构建,其运行的设定动作都是在相对完整的预设场景下完成。将机器人系统作为代表举例,机器人的控制过程可以视为许多独立模块的组合,而所有独立模块相互之间各有联系,最后联系在一起,由传感器获取外界信息,处理器对外界信息处理后给出控制机器人运动模块的运行策略,达到智能控制的目的。

针对智能割草机器人的研究,其主要目标便是在降低人力成本的同时提高割草作业的效率。若要提高全自动割草机器人的割草效率,要在两个方面进行深入的研究:一方面是对硬件的配置提高要求,不仅仅是控制器的功耗和性能的优化,同时还要在电动机的驱动控制上加大研究力度,割草刀片的机械结构和材质的提升也能有效地提升割草机器人的工作效率;另一方面的研究则是对割草机器人控制算法软件的优化,在遇到障碍物时规划有效的避障路径,在最短的时间内,做出最有效的避障操作,在运行到边界磁感线位置时,精确地停止在边界线以内,不会出现越界现象,尽量避免重复在相同区域作业的情况。每个方面的提升都会对割草机器人割草效率的提高做出贡献,这也是该行业各厂商的竞争点。

就割草机器人的软件算法研究而言,移动机器人的轨迹规划问题一直是相关从业人员关注的核心。设计出更高效的轨迹规划策略,在提升割草机器人作业效率的同时,也会降低割草机器人的作业时间,作业时间的减少必然对割草机器人的使用寿命有间接的提升。相对地,若割草机器人的轨迹规划策略效率低下,其工作区域总是停留在已割草区域,而不能对未割草区域做出有效的识别并移动到相应位置作业,这种轨迹规划情况下的割草机器人必定是失败的。所以在轨迹规划方面的研究是割草机器人算法优化的关键。

11.2 轨迹规划研究概况

　　割草机器人的概念是人们对自动化生产生活的认识深入人心后的产物,其研究并不是新兴课题,早就有相关的研究课题出现。然而早期的割草机器人并没有涉及复杂的轨迹规划研究,使用的策略都较为简单,大部分都是先将草地的范围界定出来,使用的方法通常为地磁线界定法,割草机器人作业范围界定后便能在该范围内工作而不会越界,如图 11.1 所示。上述方法因没有设定有效的轨迹规划,其作业方式为无规则前进。此种作业方式的效率低下,通常需要很长时间才能完成草地的割草作业,原因在于其工作中存在大量的重复无效作业。

　　为了解决该方案的低效率作业问题,有研究者做出了新的理论创新,为工作效率的提高引导了新的方向,其中主要的工作方式为"几"和"回"字型两种轨迹规划。同时,这两种轨迹规划也是较为普遍的作业路径。和自由作业的轨迹不同,研究提出的两种轨迹运行思路能够提高割草机器人的作业行为的标准性,使割草机器人的作业有固定的规划方式。在两种轨迹规划方式中,"回"字型轨迹规划的应用场景较为狭隘,只能在相对较为理想的规则环境中工作。在按照"回"字型轨迹工作时,割草机器人会根据规则环境的分界线依次遍历,当完成外圈作业后,割草机器人自动向圈内寻找新的工作位置,按照这种工作方式遍历,直到完成全部工作区域作业,如图 11.2(a)所示。

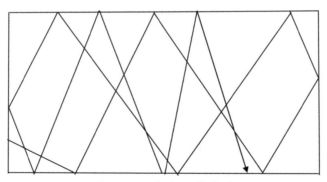

图 11.1 自由工作方式

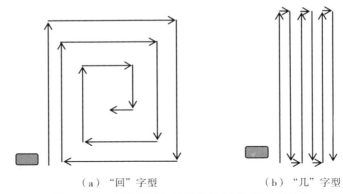

（a）"回"字型   （b）"几"字型

图 11.2　割草机器人两种轨迹规划方案图

　　另一种工作方式,"几"字型轨迹规划的逻辑与微分的理论很相近,其原理是将草地分解成数个小条形区域,在完成全部条形面积后即对整个作业目标完成割草任务,在此原理的基础上,该方法不仅能够对规则草地环境完成作业,也能对不规则草地环境进行有效的割草操作。其运行原理如图 11.2(b)所示。

　　目前,随着更多崭新的移动机器人轨迹规划新算法的出现,一种把常见轨迹规划与智能算法融合在一起的方向成为新的宠儿。新的智能算法如蚁群算法、神经网络、模糊控制、遗传算法等的加入,为轨迹规划的研究注入了新的血液,必定也会为轨迹规划的研究带来新的希望。

11.3　基于图像分割的草地路径规划

11.3.1　采集图像与真实位置的转化

　　安装在割草机器人上的图像采集模块与地面并不是平行的,需要有适当的角度才能得到较理想的前方视野图像。对采集到的图像进行分析,图像的大小是 256×256 的方形图像,要做的就是对这张图像进行处理并得到草地的未割草区域分界线。在处理图像时能够明显地发现,远方的物体的比例小于近处物体。同时,图像采集模块对远处信息的采集量明显大于对近处环境信息的采集量。假如能够将视频采集模块与草地平行地进行图像采集,则获得的图像其远近必定和实际的环境尺寸成正比,而当摄像头倾斜于草地进行图像采集,得到的图像也一定不会和实际的草地环境成正比,其成像比例与实际草地发生了畸变。在对成像图片的分析中得出结论,在图像采集模块与草地成一定夹角的情况下，采集到的图像与实际环境可以对应为梯形的比例，该比例的大小在改变图像采集模块与草地夹角的情况下发生改变，其示意图如图 11.3 所示。在研究中发现，梯形畸变的短边 a 与长边 b 并不会对轨迹规划的结果造成改变，不过高度 h 的大小却会和本次轨迹规划的效率有相应的联系。在 h 值选择太大时，需要对很大范围内的草地图像信息做处理，其中，距离太远的环境并不能得到准确的细节，造成较大的轨迹规划的误差；反之，在 h 的值选择太小时，能够采集的草地图像信息太少，不能处理更多的草地环境信息，导致割草机器人的作业速率变慢。所以要选择合适的 h 值，在控制轨迹规划误差的情况下尽量提高割草机器人的工作效率。使用如下方法选择合适的参数值。

第一步，将采集的正方形图像的原点设为参考点作笛卡尔坐标，将图像中的分界点位置都展示出来，能够直观地看到分界点的位置，处理结果如图 11.4 所示。

第二步，因为将采集到的方形图像转化成梯形草地环境的过程中借助的是线性比例运算。认为方形图像的长度是 c，采集到图像中的短边是 a，采集到图像中较长的边是 b，高度是 h。设采集到的方形图像中分界点的坐标位置是 (x, y)。因为在图 11.3 (a) 中显示屏内 b 所在的边长与图像采集模块是相互平行的，所以显示屏中成像与实际环境相似，此时的分界点的坐标应是 $P_1 = \left(\dfrac{b}{c} x, \dfrac{b}{c} y \right)$。接着图像映射到梯形范围中，对于真正的梯形范围按照图 11.3(b) 的思路设计坐标系，在此情况下有：$P_1 = [t_1(x), t_2(y)]$，在公式内的 $t_1(x)$ 和 $t_2(y)$ 依次为 x, y 相对俯视角度 θ 和元素 c、a、b、h 的线性关系公式。

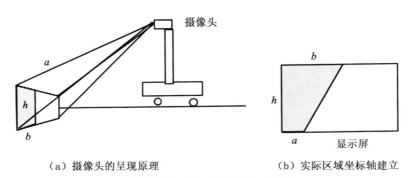

（a）摄像头的呈现原理　　　　（b）实际区域坐标轴建立

图 11.3　算法设计示意图

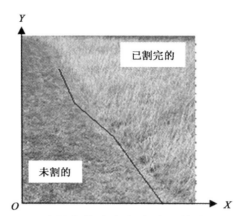

图 11.4　以原点作为参考点建立笛卡尔坐标系

第三步,分别把采集到的方形图像中的分界点 (x_1,y_1), (x_2,y_2), (x_3,y_3), …… 对应地映射到草地环境的梯形区域中,可以得出对应坐标分别为 $P_{21}=[t_1(x_1),t_2(y_1)]$, $P_{22}=[t_1(x_2),t_2(y_2)]$, $P_{23}=[t_1(x_3),t_2(y_3)]$, ……。然后把照片内较短长度 a 比例放大到 $a=b$,此时,方形中能够看到割草机器人正对着位置内 $b×h$ 大范围的草地环境。此时,对应坐标 P_{21}, P_{22}, P_{23}, …… 则展示出在草地环境中分界点的真实坐标。

借助上述算法能够把采集到的图像中的分界点与割草机器人即将处理的草地环境相互映射,在此基础上研究基于分界点的轨迹规划算法。

11.3.2　根据实际区域分割点的轨迹规划

9.2 节已经对条形图像的选取方法做了详细的介绍,这里选择的条形图像的分界点个数为 10～25。所以映射到草地环境中的分界点数量与之相同,也是 10～25 个。即使在图像预处理过程中相邻分割点的间隔并不明显,在图像中能实际操作的像素点数量有限,然而当将这些像素点映射到 3m×3m 的草地环境中,能够简单地计算出相邻分割点间像素点距离所代表的实际距离,约为 20cm,这个距离恰好符合割草机器人的运动与工作效率的要求。当割草机器人开启割草刀片在草地区域内移动时就能完成所经过路径的割草操作,假设刀片设计合理,所经过的区域不会遗漏。在此假设下,当割草机器人遍历过整个草地,就能完成全区域覆盖无遗漏的割草作业。

因为割草机器人的图像采集位置与其移动相关,在割草机器人作业时,其采集画面也跟着发生变化,所以无法采集到割草机器人周围环境的左右图像。因此,通过逐图规划的方式,实现对割草机器人的实时控制。其具体步骤为:

第一步,对采集到的图像做分界线提取操作,并将分界线坐标映射到草地环境中,得到所有分界点的实际位置坐标。

第二步,得到所有分界点的实际位置坐标后,根据割草机器人的运动控制模型得出完成当前割草单步运行所需要的转向信息和前进时长。

第三步,通过计算得到割草机器人的转向信息和前进步长后,将这些信息传输到割草机器人的控制器 MCU,割草机器人的控制器将上述控制信息转换为控制信号,控制电动机使割草机器人车轮转动。割草机器人的车轮在控制信号的驱动下,完成转向和前进时长内的动作,该动作完成后,当前步骤的路径规划任务完成。

第四步,在当前步骤路径规划完成后,调整割草机器人的转向,将其位置角度与初始状态的车体转向相同。

第五步,图像采集模块采集新的草地环境信息,对图像做图像边缘识别和分界线提取操作,为下一步的操作做准备。完成当前流程,返回第一步进行下一流程操作。

在上述步骤中,对于车体转向信息和前进时长的控制也是本书介绍的轨迹规划的重要研究方向,为此在第 10 章中重点研究了后退方法的控制律,提高割草机器人对轨迹规划的跟踪控制特性。

后退方法把复杂非线性系统细分成在系统阶数内的子系统,接着将所有子系统都设计部分 Lyapunov 函数与中间虚拟控制量,直到"后退"到全部系统把它们集成起来以达到系统控制器的设计目标。后退设计方法的优点在于不用对非线性系统做线性化操作,后退方法是基于系统的递推设计方法,所以能够达到全局稳定特性目标。

在控制律 U 的作用下,割草机器人的非完整动力学系统在全局范围慢慢收敛,即 $\lim_{t \to \infty} \|[x_e \quad y_e \quad \theta_e \quad v-v_r \quad \omega-\omega_r]\| \approx 0$。在后退设计时,将子系统的三维状态变量 $[x_e \quad y_e \quad \theta_e]$ 扩展到整个系统的五维状态变量 $[x_e \quad y_e \quad \theta_e \quad v \quad \omega]$,将运动模型式 (10.14) 中的系统控制变量"后退"到动力学模型式 (10.25) 中的系统状态变量。采用后退设计方法不用对非线性系统做线性化处理,而且能够得到比较理想的全局稳定特性结果,该结论能够通过仿真结果做比较来验证。

11.4　两轮割草机器人研究现状和发展趋势

割草机器人是一种室外环境工作的机器人,割草机器人不仅有传感器感知相应环境,还对周围环境做出识别并做出轨迹规划决策,使用控制优化方法控制机器人对预设路径进行循迹。现在机器人的研究不再仅仅建立车体动力学模型或者对虚拟的环境做出轨迹规划,而是将理论转向实践,在实践中对理论进行验证和优化。而且机器人的应用环境也向更复杂的方向发展,在更多未知的环境中,火星探测器、在复杂的公共环境中工作的服务机器人、吸附在玻璃上的擦窗机器人等类型机器人的发展也越来越快。随着工作的环境不断改变,工作目标趋向于多样化,机器人的实践测试和理论研究同时进步,才能推进割草机器人等越来越快地应用于生活与工作中。

在机器人的轨迹规划研究中,目前的研究主要是在指定环境中的起始点到目标点的路径寻优,所得到的最优路径是在两点之间寻找出最快且通畅的可行路径。割草机器人的轨迹规划与前面介绍的情况不同，其任务不只是两点间的路径规划，而是对草地的全覆盖无遗漏的轨迹规划。割草机器人需要在整个草地上进行高效的割草作业，最终要实现的要求是对整个草地完整的作业，不会出现遗漏导致的草地不平整现象。所以，割草机器人的轨迹规划要实现的是规划出一条最优路径对草地进行完整全覆盖的作业。不仅是割草机器人，其他相关的移动机器人也日益受到重视，如扫地机器人、喷漆机器人、探测机器人等方面。目前比较先进的是一种未充满区域地图信息的规划算法，这种算法需要事先对工作环境有一定的了解，并制作出相应的模型或者地图。例如，某种使用该方法的擦窗机器人在模型化的玻璃上作业时，使用栅格法对模型计算出最优的轨迹规划，擦窗机器人在该方法的引导下能够对复杂的环境做出相应的应对，从而减少运行中出现的错误，提高作业效率。

移动机器人的轨迹规划，需要达到目标，需要对障碍物做出有效的判断并做出有效的规划，同时需要对附近区域达到更高效的覆盖，现在还需要对上述目标进行更多的研究。离散的构造空间向量法对上述目标能够做出相对较好的理论结果，能够对障碍物的周围做出较好的路径规划，但是这种方法需要对障碍物做出复杂的分析，并得出障碍物的质心。智能割草机器人的轨迹规划针对的是绿地这种非室内的环境，此种环境下需要在以下几种要求下运行：机器人需要尽量节省功耗；割草机器人不仅要无遗漏地对草地施行割草作业，同时需要具备识别障碍物并规避障碍物的能力；割草机器人的工作结果需要满足一定的最短路径、割草是否遗漏等评价标准。

割草机器人面向的是民用型客户，是面向普通大众的服务型设备，因此，对割草机器人的安全性和便捷性提出了更高的要求。割草机器人需要具备高度适应度，对多形态、较高复杂度的环境都能做出一定的适应，并较好地完成割草作业。同时，割草机器人对环境中的人或者动物能做出准确的识别，避免作业时因工作环境复杂而引发安全事故。割草机器人的发展不仅仅局限在对离线机器人的单机控制，同时也在朝物联网、智能家居等方向发展。将割草机器人与互联网等网络技术相互结合，不仅能提高割草机器人的控制精度，同时也能提高割草机器人的互动性和智能度。割草机器人的联机作业也依靠网络技术的应用，将多个割草机器人联机协同作业，割草的效率有了质的飞跃。同时，环保的概念也为割草机器人的发展注入新的活力，利用太阳能发电等可再生能源技术，割草机器人在天气允许情况下的作业可实现自主供电，无须借助充电桩，即可完成充电。太阳能充电技术不仅提高了工作的自由度，而且也节约了割草机器人电力的消耗。

11.5　本章小结

本章的路径规划研究，一方面用到了第三章的分界线拟合方法，另一方面是对第四章割草机器人的控制优化研究的应用。在割草机器人作业时，通过采集到的图像拟合出未割草区域分界线，将分界线映射到草地环境后，在后退方法控制律的优化下，割草机器人具有了良好的跟踪特性，可完成全区域覆盖无遗漏的割草作业。图像采集模块将采集的图像先经过灰度共生矩阵处理,得出二值化纹理特性图像,再对该图像做分界线提取操作,得出图像中的分界线位置。然后将图像中的分界线位置与草地环境相映射,得到真实分界线的坐标信息。根据分界线的坐标信息得出割草机器人应跟踪的轨迹规划,在后退方法的控制律优化下,割草机器人具有了良好的跟踪特性,得出割草机器人应进行的转向信息和前进时长。在将转向信息和前进时长传送给割草机器人控制器后,控制器给控制车轮的电动机发送控制信号,使其完成相应的转向和前进操作。本书设计的轨迹规划方法将图像处理和控制优化相结合,不仅能获取相应的轨迹信息,还能对其信息加以有效的执行,最终实现对草地的全覆盖无遗漏的割草作业。

参考文献

[1]陈蓉.基于电磁导航的两轮自平衡机器人循迹研究[D].沈阳:东北大学,2013.

[2]蔡鹤皋.机器人将是 21 世纪技术发展的热点[J].中国机械工程,2000,11(1):58-60.

[3]王耀南.机器人智能控制工程[M].北京:科学出版社,2004.

[4]刘磊.浅析机器人的研究现状与发展前景[J].科技创新导报,2016,13(6):57-58.

[5]徐国华,谭民.移动机器人的发展现状及其趋势[J].机器人技术与应用,2001(3):7-14.

[6]孙华,陈俊风,吴林.多传感器信息融合技术及其在机器人中的应用[J].传感器技术,2003,22(9):1-4.

[7]李磊,叶涛,谭民,等.移动机器人技术研究现状与未来[J].机器人,2002,24(5):475-480.

[8]汤乐.倒立摆系统建模与控制方法研究[D].郑州:河南大学,2013.

[9]刘琛.二级倒立摆系统的稳定控制研究[D].西安:西北工业大学,2007.

[10]宋西蒙.倒立摆系统 LQR-模糊控制算法研究[D].西安:西安电子科技大学,2006.

[11]Miasa S,Al-Mjali M,Ibrahim A H,et al. Fuzzy Control of a Two-Wheel Balancing Robot using DSPIC[J]. IEEE:7th International Multi-Conference on Systems,Signals and Devices,2010:1-6.

[12]丁凤.一种新型两轮自平衡小车的建模与控制[D].武汉:华中科技大学,2012.

[13]F. Grasser,A. D′Arrigo,S. Colombi,et al. JOE:A Mobile Inverted Pendulum[J]. IEEE Transactions on Industrial Electronics,2002,49(1):107-114.

[14]阮晓钢,刘江,狄海江,等.两轮自平衡机器人系统设计、建模及 LQR 控制[J].现代电子技术,2008:57-60.

[15]田珊珊.基于嵌入式微控制器和低成本传感器的自平衡两轮电动车研发[D].重庆:重庆交通大学,2012.

[16]L. Ojeda,M. Raju,J. Borenstein. FLEXnav:A Fuzzy Logic Expert Dead Reckoning System for the Segway RMP[C]. Proceedings of the 2004 SPIE International Conference on Unmanned Ground Vehicle Technology,Bellingham,2004:11-23.

[17]程武山.智能控制理论、方法与应用[M].北京:清华大学出版社,2009.

[18]肖乐.两轮自平衡机器人建模及智能控制研究[D].哈尔滨:哈尔滨理工大

学,2011.

[19]屠运武,徐俊艳,张培仁,等.自平衡控制系统的建模与仿真[J].系统仿真学报,2004,16(4):839-841.

[20]屠运武,张先舟,张志坚,等.非连续论域模糊控制方法在自平衡系统中的应用[J].小型微型计算机系统,2004,25(8):1473-1476.

[21]阮晓钢,李世臻,侯旭阳,等.基于非线性PID的柔性两轮机器人运动控制[J].控制工程,2012,19(3):498-501.

[22]李明爱,焦利芳,乔俊飞.自平衡两轮机器人的分层模糊控制[J].控制工程,2009,16(1):80-82,94.

[23]张培仁.基于16/32位DSP机器人控制系统设计与实现[M].北京:清华大学出版社,2006.

[24]徐俊艳,张培仁.非完整轮式移动机器人轨迹跟踪控制研究机[J].中国科学技术大学学报,2004,34(3):376-380.

[25]王晓宇.两轮自平衡机器人的研究[D].哈尔滨:哈尔滨工业大学,2007.

[26]傅继奋.一种具有新颖结构的自平衡、抗倾倒、单轴双轮机器人的研制[D].北京:北京邮电大学,2005.

[27]秦勇,闫继宏,王晓宇,等.两轮自平衡机器人运动控制研究[J].哈尔滨工业大学学报,2008,40(5):721-726.

[28]智能单警.http://news.cnnb.com.cn/system/2011/01/02/006799365.shtml.

[29]杨凌霄,梁书田.两轮自平衡机器人的自适应模糊平衡控制[J].计算机仿真,2015,32(5):411-415.

[30]段学超,袁俊,满曰刚.两轮自平衡机器人的动力学建模与模糊进化极点配置控制[J].信息与控制,2013,42(2):189-195.

[31]张金学,掌明.两轮自平衡机器人的LQR实时平衡控制[J].自动化与仪表,2013,28(5):5-9.

[32]武俊峰,张继段.两轮自平衡机器人的LQR改进控制[J].哈尔滨理工大学学报,2012,17(6):1-5.

[33]陈忠孝,刘盼盼,孙世明.基于粒子群优化LQR控制器在环形倒立摆中的应用[J].西安工业大学学报,2014,34(10):856-860.

[34]孙亮,孙启兵.神经元PID控制器在两轮机器人控制中的应用[J].控制工程,2011,18(1):113-115.

[35]武俊峰,李月.滑模变结构方法在两轮自平衡机器人上的应用[J].哈尔滨理工大学学报,2013,18(2):95-100.

[36]郜园园,阮晓钢,宋洪军.操作条件反射学习自动机及其在机器人平衡控制中的应用[J].控制与决策,2013,28(6):930-935.

[37]张晓平,阮晓钢,肖尧,等.两轮机器人具有内发动机机制的感知运动系统的建立[J].自动化学报,2016,42(8):1175-1184.

[38]阮晓钢,武卫霞,刘航.基于最大反馈线性化的两轮机器人平衡控制[J].控制

工程,2011,18(2):309-312+321.

[39]邹忱忱.基于粒子群算法的 LQR 直线二级倒立摆的控制研究[D].西安:西安科技大学,2017.

[40]彭慧刚.改进粒子群算法在二级倒立摆控制系统中的研究[D].武汉:湖北工业大学,2016.

[41]吴秀民.基于粒子群优化的二级倒立摆控制研究[D].曲阜:曲阜师范大学,2012.

[42]王珏.两轮自平衡机器人系统设计与实现[D].长沙:湖南大学,2015.

[43]贾胜伟.自适应神经模糊控制在两轮自平衡机器人中的应用研究[D].哈尔滨:哈尔滨理工大学,2012.

[44]Junfeng Wu,Wanying Zhang. Design of Fuzzy Logic Controller for Two-wheeled Self-balancing Robot[C]. International Forum on Strategic Technology,Harbin,China,2011:1266-1270.

[45]Junfeng Wu,Wanying Zhang. Research on Control Method of Two-wheeled Self-balancing Robot[C]. International Conference on Intelligent Computation Technology and Automation,Shenzhen,China,2011:476-479.

[46]王永岩.理论力学[M].北京:科学出版社,2007.

[47]同济大学理论力学教研室.理论力学[M].上海:同济大学出版社,1990.

[48]丁学明,张培仁,杨兴明,等.基于单一输入法的两轮移动式倒立摆运动控制[J].系统仿真学报,2004,16(11):2618-2621.

[49]丁学明,张培仁,杨兴明,等.分层模糊控制在两轮移动式倒立摆中的应用[J].电动机与控制学报,2005,9(4):372-375.

[50]Y. Takahashi,S. Ogawa,S. Machida. Front Wheel Raising and Inverse Pendulum Control of Power Assist Wheel Chair Robot[C]. Proceedings of the 25th Annual Conference of the IEEE on Industrial Electronics Society,San Jose,1999:668-673.

[51]王灏,毛宗源.机器人的智能控制方法[M].北京:国防工业出版社,2002.

[52]刘豹,康万生.现代控制理论[M].北京:机械工业出版社,2006.

[53]Y. Takahashi,S. Machida,S. Ogawa. Analysis of Front Wheel Raising and Inverse Pendulum Control of Power Assist Wheel Chair Robot[C]. Proceedings of the 26th Annual Conference of the Industrial Electronics Society,2000:96-100.

[54]Y. Takahashi, N. Ishikawa, T. Hagiwara. Inverse Pendulum Controlled Two Wheel Drive System[C]. Proceedings of the 40th SICE Annual Conference,2001:112-115.

[55]秦永元,张洪钺,汪叔华.卡尔曼滤波与组合导航原理[M].2 版.西安:西北工业大学出版社,2012.

[56]王巍,徐长智,赵采凡.陀螺加速度计输出装置设计与测试[J].导弹与航天运载技术,1995(3):36-43.

[57]霍贝.Kalman 线性滤波在非线性动态系统中的运用[J].雷达与对抗,2003

（2）：24-28.

[58]陆军.基于 PID 和 LQR 控制的两轮自平衡小车研究[D].成都：西南交通大学，2012.

[59]武俊峰，孙雷.两轮自平衡机器人的控制方法研究[J].哈尔滨理工大学学报，2014，19（6）：22-26.

[60]M. P. Kevin，Y. Stephen. Fuzzy Control[M].北京：清华大学出版社，2001.

[61]D. Park，Kandel，G. Langhlz. Genetic-based New Fuzzy Reasoning Model with Application to Fuzzy Control[J]. IEEE Trans. on Syst. Man & Cybern，1993（2）：29-49.

[62]梁玉鑫.滑模变结构控制在两轮自平衡机器人系统中的应用研究[D].哈尔滨：哈尔滨理工大学，2012.

[63]王子洋.单相逆变电源的智能控制研究[D].秦皇岛：燕山大学，2005.

[64]Haihua Gao，Xingyu Wang. Simulation Research on Extension Adaptive Control of Inverted Pendulum[C]. Proceedings of the 5th World Congress on Intelligent Control and Automation，Hangzhou，China，2004：198-223.

[65]张立迎.直线二级倒立摆稳定控制研究[D].济南：山东大学，2009.

[66]P. Kaustubh，F. Jaume，K. A. Sunil. Velocity and Position Control of a Wheeled Inverted Pendulum by Partial Feedback Linearization[J]. Transactions on Robotics，2005，21（3）：505-513.

[67]贾建强，陈卫东.开放式自主移动机器人系统设计与控制实现[J].上海交通大学学报，2005（6）：905-909.

[68]纪震，廖惠连，吴青华.粒子群算法及应用[M].北京：科学出版社，2009.

[69]童逸舟.基于图像处理的智能割草机器人路径规划研究[D].杭州：浙江理工大学，2016.

[70]童逸舟，刘瑜.基于灰度共生矩阵的草地未割区域分界线提取[J].杭州电子科技大学学报：自然科学版，2016，36（2）：62-66，71.

[71]C. Thorpe，M. Hebert，T. Kande，et al. Toward Autonomous Driving：The CMU Navlab[J]. Part Ⅱ-Arehiteeture and Systems IEE Expert，1991，6（4）：43-52.

[72]何克忠，郭木河，王宏，等. 智能移动机器人技术研究[J].机器人技术与应用，1996（2）：11-13.

[73]J. Manigel，W. Leonhard. Vehiele Control by Computer Vision[J]. IEEE Transactions Industrial Electronics，1992（3）：181-188.

[74]王宏，何克忠，张钹智能车辆的自主驾驶与辅助导航[J].机器人，1997（2）：155-160.

[75]A. Kelly. A Feedfoward Control Approach to the Local Navigation Problem For Autonomous Vehieles[J]. CMU Roboties Institute Technical Report，1994，6（4）：17-94.

[76]王军，于洪喜.差分 GPS 定位技术[J].空间电子技术，2001（1）：107-110.

[77]Wojtkowski. Automatie Lawn Mower Vehiele[P]. US Patent，1992.

[78]马明山，朱绍文.室外移动机器人运动方向测量系统[J].电子技术应用，1997

(4):9-10.

[79]J. Borenstein, H. R. Everett. Mobile Robot Positioning-Sensorsand and Techniques[J]. Mobile Robots,1996,14(4):231-249.

[80]B. Barshan, H. F. Durrant-Whyte. An Inertial Navigation System for a Mobile Robot [C]//IEEE/RSJ International Conference on Intelligent Robots & Systems,1993:2243-2248.

[81]B. Barshan, H. F. Durrantwhyte. Inertial navigation systems for mobile robots [J]. IEEE Trans. Ra,1995,11(3):328-342.

[82]陶观群,李大鹏,陆光华.基于小波变换的不同融合规则的图像融合研究[J].光子学报,2004,33(2):221-224.

[83]陈伟.基于双目视觉的智能车辆道路识别与路径规划研究[D].西安:西安理工大学,2009.

[84]闫格.情境感知信号处理技术研究[D].天津:天津大学,2013.

[85]唐路路,张启灿,胡松.一种自适应阈值的 Canny 边缘检测算法[J].光电工程,2011,38(5):127-132.

[86]鲁梅,卢忱,范九伦.一种有效的基于时空信息的视频运动对象分割算法[J].计算机应用研究,2013,30(1):303-306+320.

[87]江泓昆,田小林,许放敖.一种基于特征空间的月球撞击坑自动识别算法[J].中国科学:物理学 力学 天文学,2013,43(11):1430-1437.

[88]官茜.基于分数阶偏微分方程的图像去噪算法研究[D].银川:宁夏大学,2014.

[89]曹禹.基于多尺度的多源图像融合技术[D].长春:长春理工大学,2017.

[90]王佳,李波,徐其志.边缘检测中局部区域的动态阈值选取方法[J].计算机应用研究,2010,27(2):772-774.

[91]张宇宁.基于机器视觉的铁路道岔检测研究[D].郑州:郑州大学,2014.

[92]马浚峰.面向自动包药机的视觉检测技术研究[D].沈阳:沈阳理工大学,2013.

[93]李大鹏,陆光华.基于小波变换的不同融合规则的图像融合研究[J].红外与激光工程,2003,33(2):221-224.

[94]新星,徐健,张健.一种基于自适应 Canny 算子的舰船红外图像边缘检测方法 [J].红外,2013,34(7):25-30.

[95]张翔,刘媚洁,陈立伟.基于数学形态学的边缘提取方法[J].电子科技大学学报,2004,31(5):490-493.

[96]李旭超,朱善安.图像分割中的马尔可夫随机场方法综述[J].中国图象图形学报,2007,12(5):789-798.

[97]A. Chambolle. Total Variation Minimization and a Class of Binary MRF Models [A]. Fifth Internatonal Workshop on Energy Minimization Methods in Computer Vision and Pattern Recognition[C]. Berlin:Springer Press,2005,136-152.

[98]A. E. Jacquin. Image Coding based on a Fractal Theory of Iterated Contractive Image Transformations[J]. IEEE Transactions on Image Processing,1992,1(1):18-30.

[99]郭彤颖,吴成东,曲道奎.小波变换理论应用进展[J].信息与控制,2004,33

（1）：67-71.

[100]M. Antonini,M. Barlaud,P. Mathieu,et al. Image Coding using Wavelet Transform[J]. IEEE Transactions on Image Processing,1992,1(2):205-220.

[101]F. J. Díaz-Pernas,M. Antón-Rodríguez,J. F. Díez-Higuera,et al. Texture Classification of the Entire Brodatz Database through an Orientational-Invariant Neural Architecture[J]. Bioinspired Applications in Artificial& Natural Computation,2009,56(2):294-303.

[102]R. M. Haralick,K. Shanmugam,I. Dinstein. Textural Features for Image Classification[J]. IEEE Transactions on Systems Man & Cybernetics,2007,SMC-3(6):610-621.

[103]B. V. Dasarathy,E. B. Holder. Image Characterizations based on Joint Gray Level-Run Length Distributions[J]. Pattern Recognition Letters,1991,12(91):497-502.

[104]D. Tsai,M. Flagg,A. Nakazawa,et al. Motion Coherent Tracking Using Multi-label MRF Optimization[J]. International Journal of Computer Vision,2010,100(2):1-11.

[105]A. P. Pentland. Fractal-based Description of Natural Scenes[J]. IEEE Transactions on Pattern Analysis & Machine Intelligence,1984,6(6):661-674.

[106]S. G. Mallat. A Theory for Multiresolution Signal Decomposition:The Wavelet Representation[J]. IEEE Transactions on Pattern Analysis and Machine Intelligence,1989,11(7):674-693.

[107]Chang T,Kuo C J. Texture Analysis and Classification with Tree-structured Wavelet Transform[J]. IEEE Transactions on Image Processing,1993,2(4):429-441.

[108]M. Unser. Texture Classification and Segmentation using Wavelet Frames[J]. IEEE Transactions on Image Processing,1995,4(11):1549-1560.

[109]T. Ojala,M. Pietikäinen,T. Mäenpää. Multiresolution Gray-Scale and Rotation Invariant Texture Classification with Local Binary Patterns[J]. IEEE Transactions on Pattern Analysis & Machine Intelligence,2002,24(7):971-987.

[110]杜慧江. 全自动割草机器人的智能控制技术研究[D]. 杭州:浙江理工大学,2015.

[111]求势. 割草机器人[J]. 机器人技术与应用,1996(5):9.

[112]王龙. 图像纹理特征提取及分类研究[D]. 青岛:中国海洋大学,2014.

[113]M. Hassner,J. Sklansky. The use of Markov Random Fields as Models of Texture[J]. Computer Graphics& Image Processing,1980,12(4):357-370.

[114]王冰. 用 Roberts 算子进行边缘处理[J]. 甘肃科技,2008,24(10):18-20.

[115]袁春兰,熊宗龙,周雪花,等. 基于 Sobel 算子的图像边缘检测研究[J]. 激光与红外,2009,39(1):85-87.

[116]祖莉. 智能割草机器人全区域覆盖运行的控制和动力学特性研究[D]. 南京:南京理工大学,2005.

[117]万宏. 非平整地面六轮腿式自主移动机器人越障特性分析与研究[D]. 南京:南京理工大学,2006.

[118]金凤.渐开线圆柱齿轮磨损仿真系统研究[D].延吉:延边大学,2013.

[119]郑向阳.自主式移动机器人路径规划研究[D].杭州:浙江大学,2004.

[120]祖莉,王华坤,范元勋.户外小型智能移动机器人运动轨迹跟踪控制[J].南京理工大学学报:自然科学版,2003(1):56-59.

[121]章忠良.四足机器人运动学及动力学研究[D].成都:电子科技大学,2012.

[122]凌霄.基于辐射能信号的加热炉建模与控制研究[D].武汉:华中科技大学,2012.